WTB

BAND 22

Gerhard Kempter

Struktur und Synthese von Vitaminen

THEORIA CUM PRAXI

AKADEMIE-VERLAG · BERLIN

1964

Reihe CHEMIE

Herausgegeben im Auftrage der Sektion Chemie
bei der Deutschen Akademie der Wissenschaften zu Berlin

von:
Prof. Dr. H. Klare, Teltow-Seehof,
Prof. Dr.-Ing. Dr. h. c. E. Leibnitz, Berlin,
Prof. Dr.-Ing. Dr. h. c. K. Schwabe, Dresden,
Prof. Dr. Dr. h. c. E. Thilo, Berlin

Verantwortlicher Herausgeber dieses Bandes:
Prof. Dr.-Ing. Dr. h. c. E. Leibnitz

Verfasser:
Dr. G. Kempter,
Institut für Organische Chemie
der Karl-Marx-Universität Leipzig

Erschienen im Akademie-Verlag GmbH,
Berlin W 8, Leipziger Straße 3–4

Lizenznummer: 202 · 100/560/64
Gesamtherstellung: VEB Druckhaus „Maxim Gorki“, Altenburg
Bestellnummer: 7022
ES 18 C 5
Preis: MDN 8,–

Inhaltsverzeichnis

1*

Vorwort

Die Vitamine als organische Verbindungen, die in geringen Mengen für den Menschen und die meisten Tiere lebensnotwendig sind, gehören den unterschiedlichsten chemischen Substanzklassen an und kommen vorwiegend in Pflanzen vor, können aber auch (z. B. Vitamine A, D) im tierischen oder menschlichen Organismus aus pflanzlichen Vorstufen gebildet werden.

Die Chemie der Vitamine zeigte in den letzten dreißig Jahren eine sprunghafte Entwicklung, die von der Strukturaufklärung des Vitamins A durch Karrer im Jahre 1932 zu ihrem bisherigen Höhepunkt, der Konstitutionsermittlung des Vitamins B_{12} durch Todd, Hodgkin und Smith im Jahre 1955 führte.

Die Erforschung der Chemie der Vitamine verlief, wie auch bei allen anderen Naturstoffen, in drei Stufen. Auf die Isolierung der reinen, kristallinen Verbindung folgte die Aufklärung der Konstitution und als deren Beweis eine erste Synthese.

Unter diesen Gesichtspunkten werden im vorliegenden Taschenbuch die wichtigsten fettlöslichen (A, D, E, K) und wasserlöslichen (B-Komplex, C) Vitamine behandelt. Meist schließt sich eine der bekanntesten, technisch durchführbaren Synthesen an.

Sowohl die weniger wichtigen Wirkstoffe (essentielle Fettsäuren, Kapillarresistenz-Faktor u. a.) als auch die zahlreichen biochemischen Probleme (Funktion in Enzymsystemen, Tests, Avitaminosen, Minimalbedarf u. a.) konnten im Rahmen dieser Arbeit nicht berücksichtigt werden.

Leipzig, im Oktober 1963 *G. Kempter*

1. Vitamin A

1.1. Funktion

STEPP und HOPKINS stellten seit 1909 fest, daß Versuchstiere schwere Wachstumsstörungen und andere Krankheitssymptome zeigten, wenn das Futter mit Alkohol/Äther extrahiert worden war.

Man schloß daraus, daß Kohlenhydrate, Fette, Eiweiße und Mineralstoffe allein keine ausreichende Nahrung darstellen und bezeichnete den fehlenden Wirkstoff als Wachstumsvitamin oder Vitamin A.

Der Mangel an Vitamin A führte auch zu einer krankhaften Veränderung an der Haut (*Xerodermie*) und am Auge (*Xerophthalmie*), die dem Wirkstoff den Namen *Axerophtol* einbrachte.

Eine spezifische Funktion übt das Vitamin A beim Sehvorgang aus. Der Sehpurpur (*Rhodopsin*), das lichtempfindliche Pigment der Netzhaut (*Retina*) des Menschen, ist ein Proteinkomplex, der das *Retinen*, den Aldehyd des Vitamins A, enthält. Nach WALD (1953) wird das Rhodopsin bei Lichteinwirkung in ein gelbes Pigment (= all-trans-Vitamin A-aldehyd, Retinen, Retinal, siehe Kap. 1.3.3. und 1.4.) und die Proteinkomponente *Opsin* aufgespalten. Mangel an Vitamin A verschlechtert die Dunkel-Adaptation und bewirkt in schweren Fällen Nachtblindheit.

Alle diese Symptome des Vitamin A-Mangels konnten durch Lebertran behoben werden. Man nahm daher an, daß der antirachitisch wirkende Bestandteil des Lebertrans mit dem Vitamin A identisch sei. Durch Autoxydation wurde jedoch das Vitamin A im Lebertran zerstört, der danach seine antirachitische Wirksamkeit noch besaß.

1928 wiesen VON EULER und KARRER nach, daß Vitamin A-Mangelkrankheiten bei Ratten durch Extrakte aus grünen Pflanzen geheilt werden, d. h. daß der Pflanzenfarbstoff *Carotin* die gleiche physiologische Wirkung wie Vitamin *A* zeigt, und bezeichneten ihn deshalb als *Provitamin A*.

Heute sind über 100 Pigmente aus der Klasse der Carotinoide bekannt. Nur diejenigen wirken als Provitamine, die den β-Jononring (siehe Kap. 1.3.) enthalten.

1.2. Vorkommen und Isolierung

Carotin wurde erstmalig 1831 von WACKENRODER in Form rubinroter Kristalle aus der gewöhnlichen gelben Mohrrübe gewonnen. Später konnte es auch aus grünen Blättern isoliert werden, in denen es neben *Chlorophyll* und *Xanthophyll* stets enthalten ist. WILLSTÄTTER wies 1907 die Identität des aus Möhren und Blättern erhaltenen Carotins nach ($C_{40}H_{56}$, Schmp. 168°), und KUHN gelang es im Jahre 1931, dieses Carotin mit Hilfe der neuen Methode der chromatographischen Adsorption in drei Isomere aufzutrennen (*α-Carotin*, Schmp. 188°, ca. 10%; *β-Carotin*, Schmp. 184°, ca. 90,0%; *γ-Carotin*, Schmp. 178°, ca. 0,1%).

Die technische Gewinnung des natürlich vorkommenden β-Carotins, das weniger für pharmazeutische Zwecke, als vielmehr zum Anfärben von Nahrungsfetten Verwendung findet (5 g β-Carotin je t Margarine), erfolgt durch Extraktion der Preßsäfte von Möhren, Luzerne, Brennessel, Paprikaschoten u. a., Aufarbeitung und Trennung der Isomeren. Aus 1 t Möhren können ca. 30 g β-Carotin gewonnen werden.

Das *Vitamin A* konnte im Gegensatz zum β-Carotin, das stets vorwiegend pflanzlichen Ursprungs ist, mit Sicherheit nur im tierischen Organismus nachgewiesen werden. Es ist in den Leberölen von Seefischen (Heilbutt, Makrelenhecht, Thunfisch) in hohen Konzentrationen (bis zu 20%), aber auch in Butter, Milch, Eigelb und anderen tierischen Produkten enthalten.

Die Isolierung des reinen Vitamins A aus natürlichen Vorkommen machte wegen der chemisch sehr ähnlichen Begleitsubstanzen (Vitamin A_2, Neovitamin A_1 u. a., siehe Kap. 1.3.) große Schwierigkeiten. KARRER gewann 1931 aus dem Leberöl des Heilbutt ein Vitamin A-Konzentrat, mit dem er die Strukturaufklärung durchführte. Erst 1940 konnten BAXTER und ROBESON kristallines Vitamin A aus Naturprodukten abtrennen.

Die technische Gewinnung von Vitamin A erfolgte früher durch Verseifung von Fischölen unter Luftabschluß, um die Autoxydation des sauerstoffempfindlichen Vitamins zu verhindern, Aufarbeitung durch Ausfrieren und Molekulardestillation. Heute liefert die Synthese (siehe Kap. 1.4.) den benötigten Wirkstoff.

Der Mechanismus der Umwandlung des vom Menschen bzw. Tier mit der Nahrung aufgenommenen Provitamins (Carotin) in das Vitamin A ist noch nicht in allen Einzelheiten geklärt. Wahrscheinlich erfolgt die Spaltung des Carotinmoleküls in der Darmschleimhaut und nicht, wie früher angenommen wurde, in der Leber. Aus dem Formelbild (siehe Kap. 1.3.) ist zu entnehmen, daß aus 1 Mol β-Carotin 2 Mole Vitamin A entstehen können, d. h., daß jedes Carotin soviel Mole Vitamin A liefern kann, wie es β-Jonon-Reste enthält. In Wirklichkeit haben ein Mol β-Carotin bzw. zwei Mole α-Carotin etwa die gleiche physiologische Wirkung wie ein Mol Vitamin A.

1.3. *Struktur von β-Carotin und Vitamin A*

1.3.1. *β-Carotin*

ZECHMEISTER wies 1928 die Polyennatur des gelben β-Carotins (I) nach. Bei der katalytischen Hydrierung nahm (I) elf Mole Wasserstoff auf und ging in eine farblose Substanz über.

Karrer, Kuhn und Brockmann klärten 1929–1934 die Struktur des β-Carotins ($C_{40}H_{56}$) durch stufenweisen oxydativen Abbau mit $KMnO_4$, Ozon, CrO_3 u. a. auf.

Sie identifizierten das Provitamin A als Jononabkömmling.

Unter den Oxydationsprodukten befanden sich β-Jonon (II), Geronsäure (III), α,α-Dimethyl-glutarsäure (IV), α,α-Dimethylbernsteinsäure (V), Dimethylmalonsäure (VI) sowie Essigsäure, die offenbar aus vier Isopren-Einheiten (VII) entstanden war.

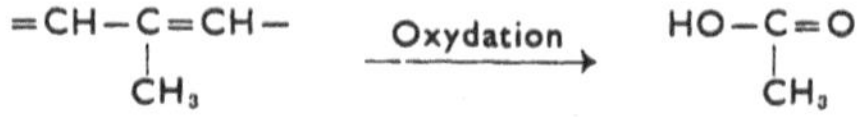

Kuhn und Brockmann teilten 1934 die folgende Strukturformel für β-Carotin (I) mit, die Karrer (1950) durch Synthese endgültig beweisen konnte. Zwei β-Jonon-Reste sind durch eine Polyenkette miteinander verknüpft. Die Abbauprodukte (II–VI) sowie die aus (VII) erhaltene Essigsäure zeigen die einzelnen Strukturelemente an.

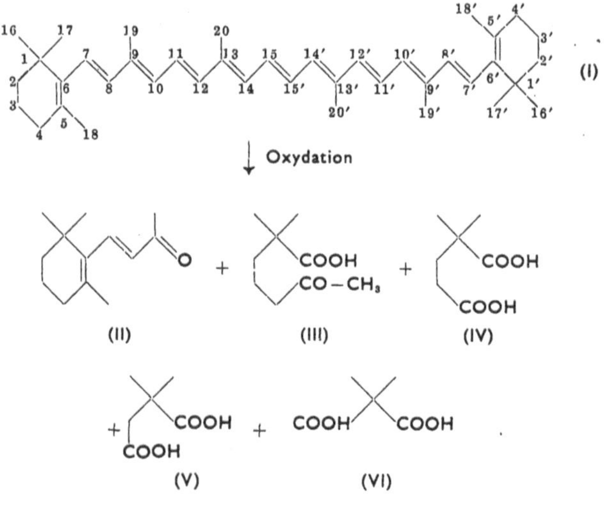

(I) (II) (III) (IV) (V) (VI)

Die Numerierung von (I) erfolgt in Übereinstimmung mit den entsprechenden Kohlenstoffatomen im Vitamin A.

Das natürlich vorkommende Provitamin *Kryptoxanthin* konnte als 3-Hydroxy-β-carotin identifiziert werden. Im *α-Carotin* (VIII) bzw. γ-Carotin (IX) ist ein β-Jonon-Ring des β-Carotins durch den α-Jonon-Ring ersetzt bzw. geöffnet. Das asymmetrische Kohlenstoffatom 6′ verleiht dem α-Carotin optische Aktivität.

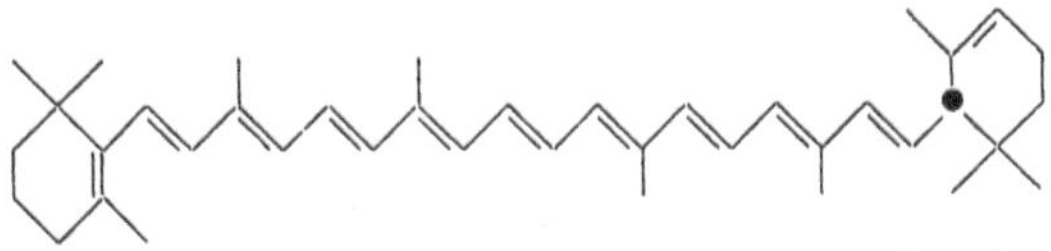
(VIII)

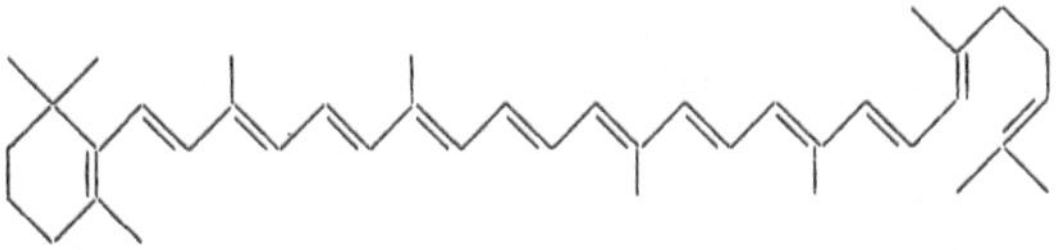
(IX)

Das *Lycopin* (X), der rote Farbstoff der Tomate, besitzt keine β-Jonon-Anordnung und deshalb auch keine Provitaminwirkung mehr.

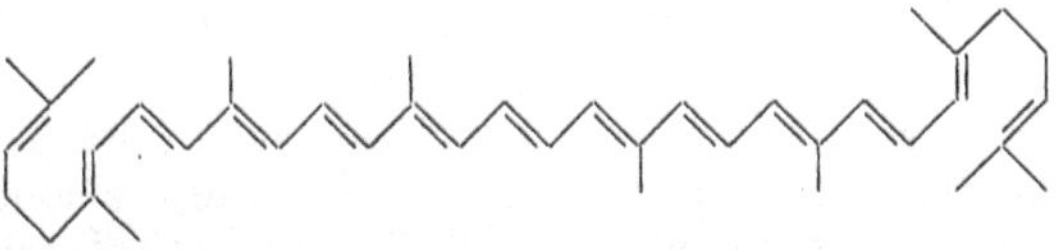
(X)

Die Doppelbindungen des Polyen-Systems bieten zahlreiche Möglichkeiten der cis-trans-Isomerie. In der Natur liegt die große Mehrzahl der Carotinoide in der bei (I), (VIII), (IX) und (X) formulierten, stabileren *all-trans-Konfiguration* vor.

1.3.2. Vitamin A

1932 wurde die Struktur des Vitamins A von KARRER mitgeteilt. Ihm stand noch kein reiner Wirkstoff zur Verfügung, sondern ein Konzentrat, das er aus dem Leberöl des Heilbutt gewonnen hatte. KARRER wies durch Bildung des Acetats bzw. des p-Nitrobenzoats eine Hydroxylgruppe und durch katalytische Hydrierung fünf Doppelbindungen nach, die wahrscheinlich in Konjugation zueinander standen. Da bei der Ozonspaltung analog dem β-Carotin (Kap. 1.3.1.) die Geronsäure entstand, nahm KARRER für das Vitamin A die Struktur (XI) an.

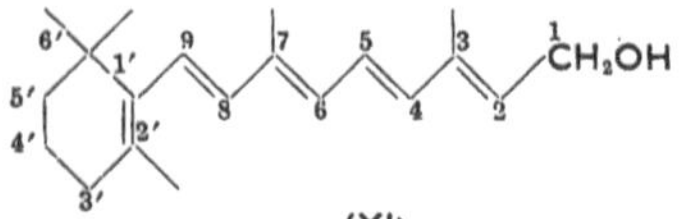

(XI)

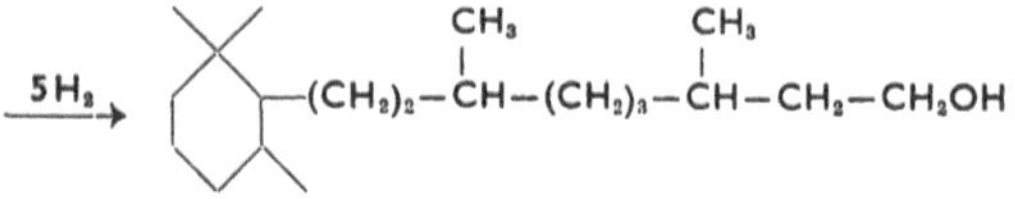

(XII)

Er hydrierte (XI) zum Perhydro-vitamin A (XII), dessen Aufbau aus β-Jonon ihm über zahlreiche Zwischenstufen gelang. Der endgültige Beweis für die Richtigkeit der Strukturformel (XI) wurde durch die Totalsynthese des Vitamins A (siehe Kap. 1.4.) geliefert.

Vitamin A ist ein ungesättigter primärer Diterpenalkohol ($C_{20}H_{30}O$, Schmp. 64°, $\lambda_{max}^{Alkohol}$ 326 mμ), rationell als 1-Hydroxy-3,7-dimethyl-9-[2′,6′,6′-trimethylcyclohexen(1′)yl]-nona-2,4,6,8-tetraen bezeichnet. Die allgemein übliche, zweckmäßigere Numerierung weicht allerdings von diesem System ab und stimmt mit der des β-Carotins (Kap. 1.3.1.) überein, so daß sich die Hydroxylfunktion an C_{15} befindet.

ROBESON und BAXTER, die 1940 erstmalig reines, kristallines Vitamin A aus natürlichen Vorkommen gewinnen konnten, stellten fest, daß der Wirkstoff ständig von einer zweiten Komponente begleitet wird, die sie als *Vitamin A_2* (XIII) bezeichneten. (XIII) absorbiert bei längeren Wellen ($\lambda_{Max}^{Alkohol}$ 351 mμ) und konnte als *Dehydrovitamin A_1* erkannt werden.

Henbest und Jones klärten 1951 seine Struktur, indem sie den inzwischen synthetisierten Vitamin A-säure-methylester (XIV) mit N-Brom-succinimid in Allylstellung bromierten (XV), mit 4-Phenyl-morpholin dehydrobromierten (XVI) und den Ester zum Alkohol (XIII) reduzierten, der mit Vitamin A_2 identisch war.

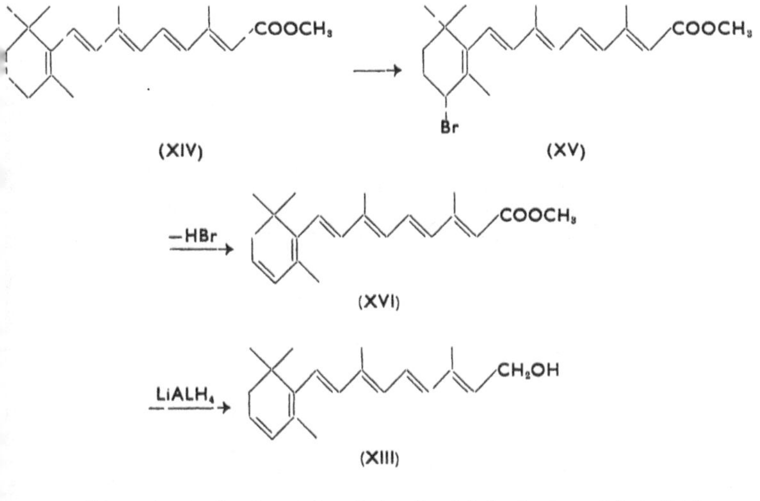

Vitamin A_2 besitzt 30–40% der biologischen Aktivität des Vitamins A_1. Zahlreiche Synthesen in der Reihe des Vitamins A_2 wurden von Isler (1962) durchgeführt.

1.3.3. *Isomerie am Vitamin A*

Auf Grund der fünf Doppelbindungen im Vitamin A_1 sind zahlreiche Möglichkeiten der cis-trans-Isomerie gegeben. Der natürliche Wirkstoff liegt in der *all-trans-Form* (XI) vor. Der von Robeson und Baxter (1947) identifizierte ständige Begleiter des Vitamins A_1, das *Neo-vitamin A_1* (Schmp. 58–60°, $\lambda_{max}^{Alkohol}$ 328 mμ) ist das

13-cis-Isomere (XVII), das wie alle Isomeren des Wirkstoffes eine verminderte biologische Aktivität besitzt.

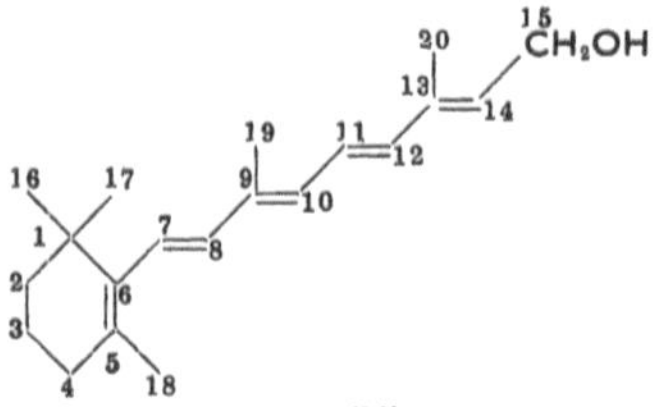

(XI)

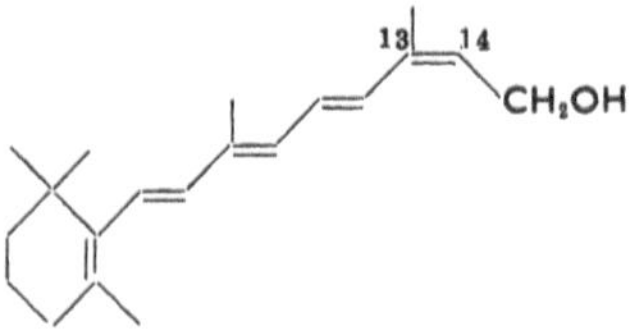

(XVII)

Bei Synthesen muß die Ausbildung der *Retro-Verbindungen*, Retro-vitamin A_1 (XVIII), vermieden werden, die einen Trimethylcyclohexenyliden- (XIX) statt des Trimethylcyclohexenyl-Restes (XX) tragen.

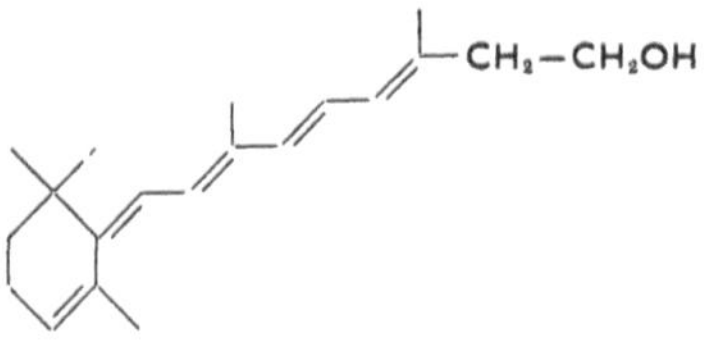

(XVIII)

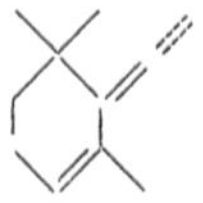

(XIX)

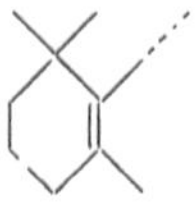

(XX)

1.4. *Synthese von Vitamin A*

In den Jahren 1946–48 wurden durch ISLER, MILAS, KARRER, CAWLEY u. a. Totalsynthesen des Vitamins A, der Vitamin A-carbonsäure und ihres Esters durchgeführt, die die von KARRER aufgestellte Strukturformel voll bestätigten, aber keiner technischen Verwendung zugeführt werden konnten.

ARENS und VAN DORP (1946–49) kondensierten das C_{13}-Keton β-Jonon (II) mit γ-Brom-crotonsäuremethylester (XXI) in einer REFORMATSKI-Reaktion mit Zink in benzolischer Lösung zu dem Hydroxy-ester (XXII), der mit wasserfreier Oxalsäure entwässert wurde und bei der Verseifung die β-Jonyliden-crotonsäure (XXIII) ergab. Durch Lithiummethyl konnte sie in das C_{18}-Keton (XXIV) übergeführt werden.

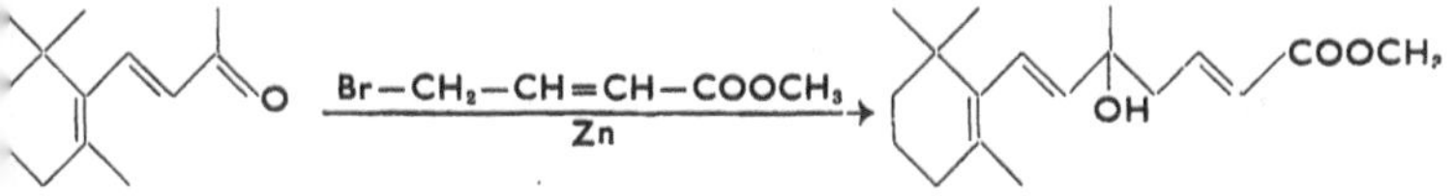

(II) (XXII)

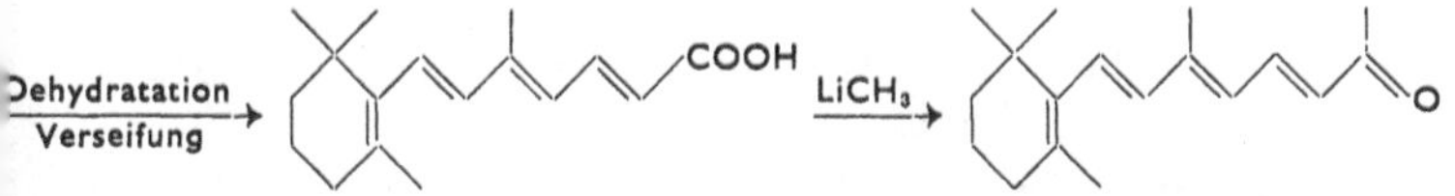

(XXIII) (XXIV)

An die Carbonylgruppe des C_{18}-Ketons (XXIV) wurde Äthoxyacetylen als GRIGNARD-Verbindung addiert. Die partielle Hydrierung der Dreifachbindung in dem entstandenen Hydroxy-äther (XXV) ergab (XXVI), dessen Äthoxygruppe mit verdünnter Salzsäure gespalten wurde und (XXVII) lieferte. Unter Ausbildung der Aldehydgruppe aus der enolischen Anordnung in (XXVII) und Dehydratisierung entstand das konjugierte System des Vitamin A-aldehyds, *Retinen*, besser als *Retinal* bezeichnet (XXVIII), der mit $LiAlH_4$ zu Vitamin A (XI) reduziert wurde.

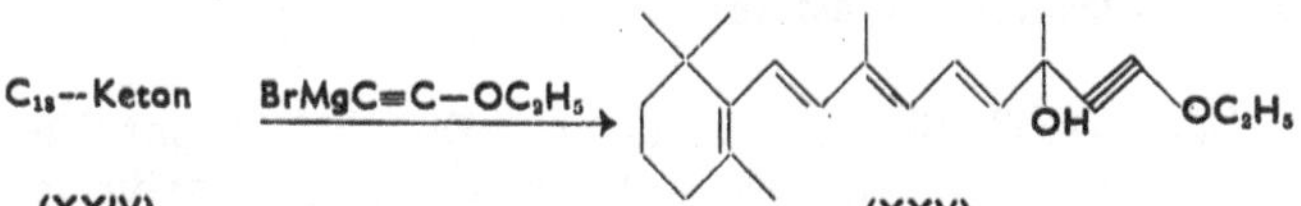

(XXIV) (XXV)

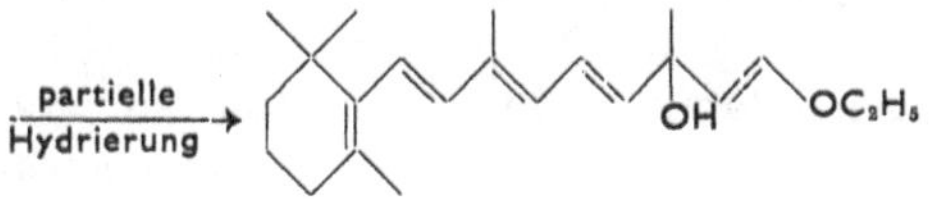

(XXVI)

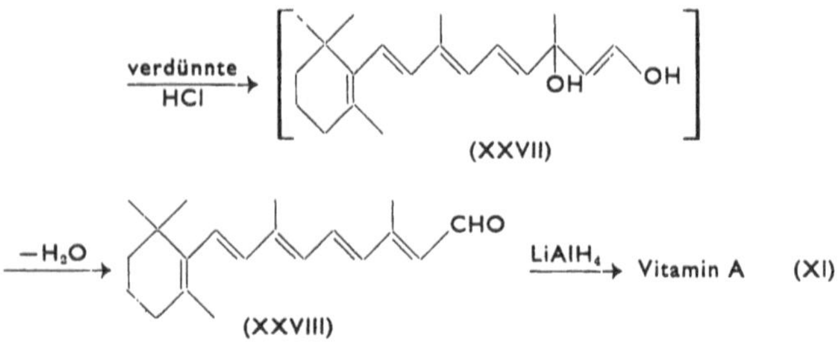

Das C_{18}-Keton (XXIV) wurde auch noch nach einer anderen Methode in Vitamin A überführt, die technische Anwendung gefunden hat. Bei der Reaktion mit Bromessigsäuremethylester (XXIX) nach Reformatski entsteht der Hydroxyester (XXX), dessen Dehydratisierung den Vitamin A-säureäthylester ergibt, der in Äther bei tiefen Temperaturen mit $LiAlH_4$ zum Vitamin A (XI) reduziert wird.

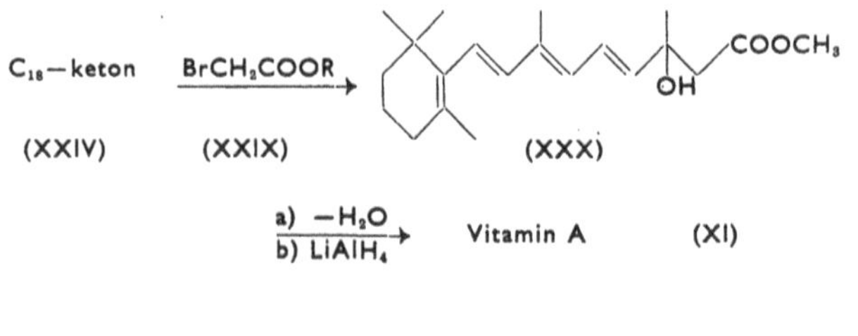

1.4.1. Die Isler-Synthese

1946 veröffentlichten Isler und Mitarbeiter eine Vitamin A-Synthese, die wie viele andere Ergebnisse in der Chemie des Vitamins A auf grundlegenden Untersuchungen von Heilbron basierte. Diese Synthese fand sehr bald technische Anwendung, und bereits 1950 wurde synthetisches Vitamin A in großen Mengen produziert. Das Gerüst des Vitamins A (= 20 C-Atome) wird nach dem Prinzip $C_{14}+C_6$ aufgebaut.

1.4.1.1. C_{14}-Komponente

Das Ausgangsprodukt ist hier der C_{10}-Aldehyd *Citral* (XXXI), der aus zahlreichen ätherischen Ölen gewonnen werden kann. (XXXI) wird im alkalischen Medium mit Aceton zu *Pseudo-Jonon* (XXXII) kondensiert, dessen saure Cyclisierung das C_{13}-Keton *β-Jonon* (XXXIII) ergibt.

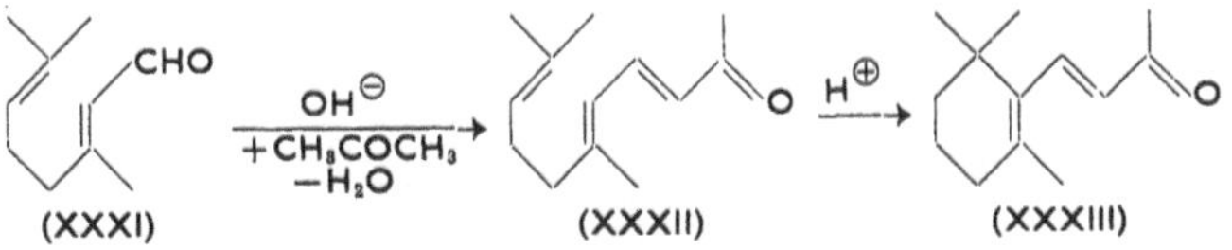

Zum Teil bildet sich hierbei das unerwünschte α-Jonon, das als Bisulfitverbindung abgetrennt wird. Pseudo-Jonon (XXXII) ist technisch auch über das leicht zugängliche Dehydro-linaloolacetat (XXXIV) darstellbar, das katalytisch in ein Allen-acetat (XXXV) umgelagert werden kann. Aus (XXXV) entsteht mit Essigsäure das Citraldiacetat (XXXVI), das bei der alkalischen Hydrolyse in Aceton Pseudo-jonon (XXXII) ergibt.

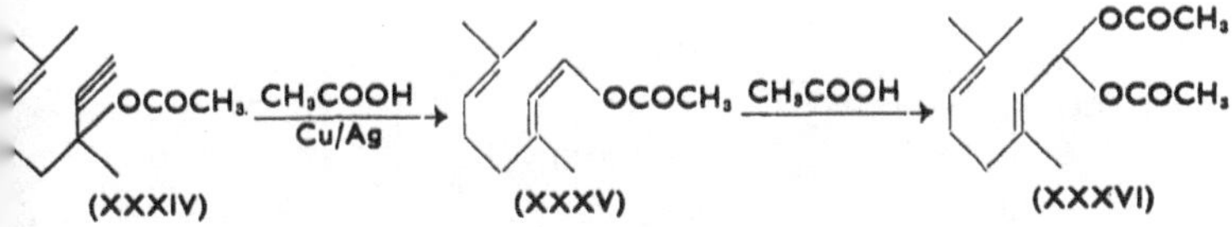

Um die für die ISLER-Synthese benötigte C_{14}-Komponente herzustellen, wird das C_{13}-Keton β-Jonon (XXXIII) in einer *Glycidester-Kondensation* (nach DARZENS, ERLENMEYER, CLAISEN) mit Chloressigsäureäthylester in der Kälte zu Glycidester (XXXVII) umgesetzt, der ohne Isolierung verseift und zum C_{14}-Aldehyd (XXXVIII) decarboxyliert wird. Dabei tritt die Doppelbindung in der Kette in Konjugation zur Carbonylgruppe, so daß bei weiteren Reaktionen keine Gefahr der Retro-Umlagerung (Kap. 1.3.3.) besteht, da durch die Methylengruppe zwischen den beiden Doppelbindungen die Konjugation zwischen Trimethylcyclohexenylrest und Kette unterbrochen ist.

(XXXIII) 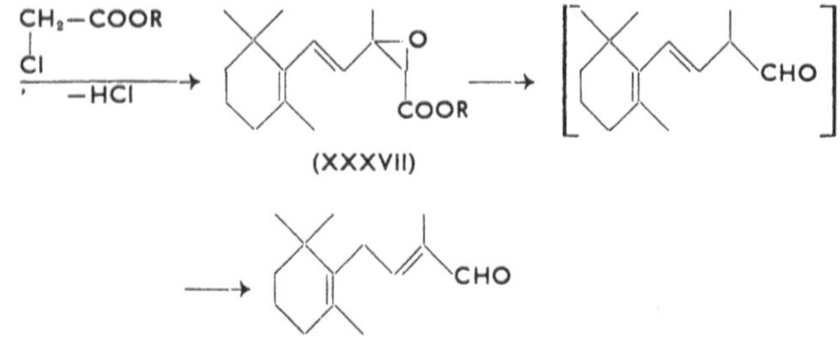

(XXXVII)

(XXXVIII)

1.4.1.2. *C_6-Komponente*

Zur Darstellung der C_6-Komponente wird Methylvinylketon (XXXIX) benötigt, das aus Aceton und Formaldehyd in der Gasphase oder durch Wasseranlagerung an Vinyl-acetylen hergestellt werden kann.

$$\underset{\text{CO}-\text{CH}_3}{\overset{\text{CH}_3}{|}} + \text{CH}_2\text{O} \xrightarrow[300^\circ]{-\text{HO}_2} \underset{\text{CO}-\text{CH}=\text{CH}_2}{\overset{\text{CH}_3}{|}} \xleftarrow{+\text{H}_2\text{O}} \underset{\text{C}-\text{CH}=\text{CH}_2}{\overset{\text{CH}}{|||}}$$

(XXXIX)

(XXXIX) wird unter dem Einfluß von Natrium in flüssigem Ammoniak mit Acetylen zu 3-Hydroxy-3-methyl-penten(1)-in(4) (XL) kondensiert, das mit verdünnter Schwefelsäure einer *Allylverschiebung* (*Dreikohlenstofftautomerie*) unterworfen wird. Es entsteht der ungesättigte primäre Alkohol (XLI), der mit Phenylmagnesiumbromid in das reaktionsfähige Derivat (XLII) übergeführt wird, das die für die Synthese benötigten sechs Kohlenstoffatome besitzt.

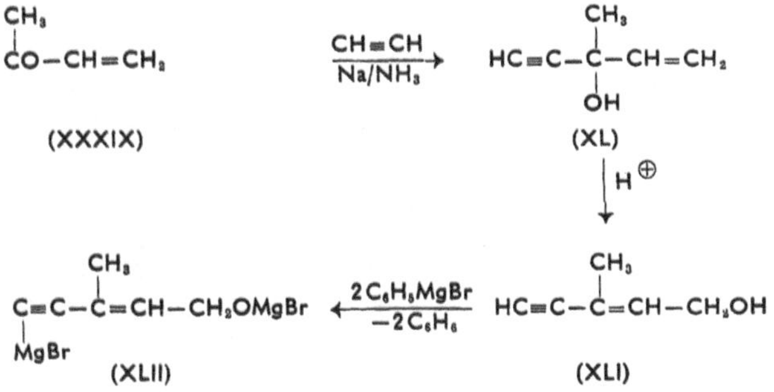

1.4.1.3. $C_{14}+C_6$

Die Reaktion der C_{14}- mit der C_6-Komponente führt zum Zwischenprodukt (XLIII), das nach der Hydrolyse mit NH_4Cl/Eis das C_{20}-Diol (XLIV) ergibt.

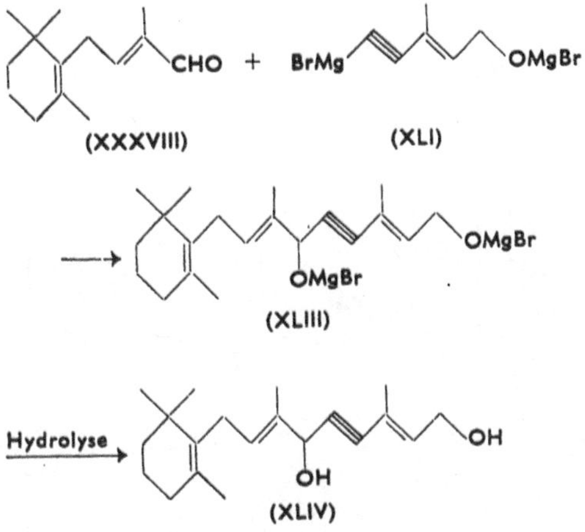

Damit ist eine C_{20}-Verbindung entstanden, die bereits das komplette Gerüst des Vitamins A enthält. Der β-Jonon-Ring, die terminale Hydroxylgruppe am Ende der

Kohlenstoffkette und die beiden Methylgruppen in den Stellungen 9 und 13 sind vorhanden. Es schließt sich die Hydrierung der Dreifachbindung an, für die von LINDLAR ein spezieller Pd/Pb-Katalysator entwickelt wurde. Die Doppelbindungen des Diols (XLV) werden dabei nicht angegriffen. Nach der Acetylierung der terminalen Hydroxylgruppe wird das Acetat (XLVI) mit Jod am Rückfluß erhitzt. Dabei bildet sich unter Allylverschiebung zu (XLVII), das nicht isoliert wird, und anschließender Dehydratisierung das Vitamin A-acetat (XLVIII), das zum Vitamin A verseift wird. Starke Säuren sind in dieser letzten Stufe zu vermeiden, da sonst eine Retro-Umlagerung eintreten kann.

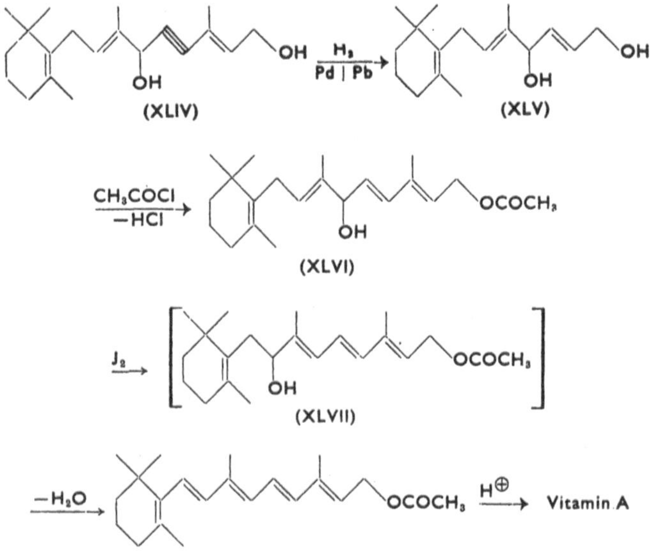

Der Vergleich der physikalischen Eigenschaften (Schmp., Mischschmp., Spektren) des erhaltenen Produkts, des Esters mit Anthrachinon-β-carbonsäure, β-Naphthoesäure u. a. mit denen der gleichen Derivate des Naturproduktes zeigt vollkommene Übereinstimmung nnd beweist damit nochmals die Richtigkeit der KARRERschen Strukturaufklärung.

1.4.2. *Die Pommer-Wittig-Synthese*

WITTIG hatte 1949 gezeigt, daß die *Phosphin-Methylen-Reaktion*, d. h. die Umsetzung von Triphenyl-phosphin-alkylenen mit Carbonylverbindungen, zur Darstellung von Olefinen allgemein anwendbar ist.

So entsteht aus Triphenylphosphin und einem Alkylhalogenid das Triphenyl-alkyl-phosphoniumhalogenid (IL), das mit Phenyl-Lithium oder Natriummethylat Triphenylphosphinmethylen (L) ergibt. (L) liegt in der resonanz-stabilisierten „Ylid"-Form (LI) vor und bildet mit Carbonylverbindungen Addukte, die durch schwaches Erwärmen in Olefin und Triphenylphosphinoxid aufspalten.

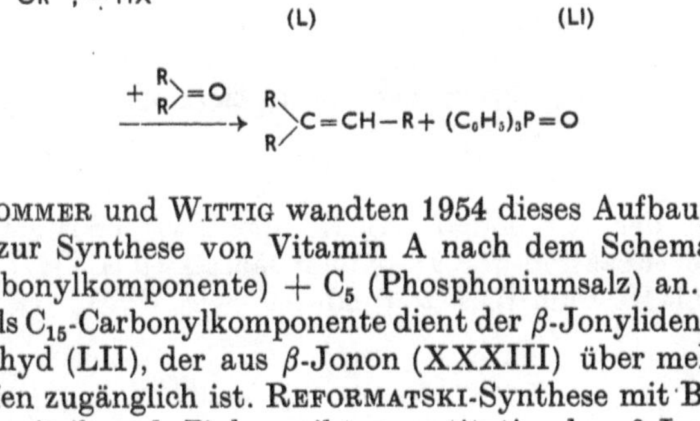

POMMER und WITTIG wandten 1954 dieses Aufbauprinzip zur Synthese von Vitamin A nach dem Schema C_{15} (Carbonylkomponente) + C_5 (Phosphoniumsalz) an.

Als C_{15}-Carbonylkomponente dient der β-Jonylidenacetaldehyd (LII), der aus β-Jonon (XXXIII) über mehrere Stufen zugänglich ist. REFORMATSKI-Synthese mit Bromacetonitril und Zink ergibt quantitativ das β-Jonolylacetonitril (LIII), das zum β-Jonyliden-acetonitril (LIV) dehydratisiert und alkalisch zur β-Jonyliden-essigsäure (LV) verseift wird. Die Reduktion in Form des Esters führt zum Alkohol, der mit MnO_2 zu (LII) oxydiert wird.

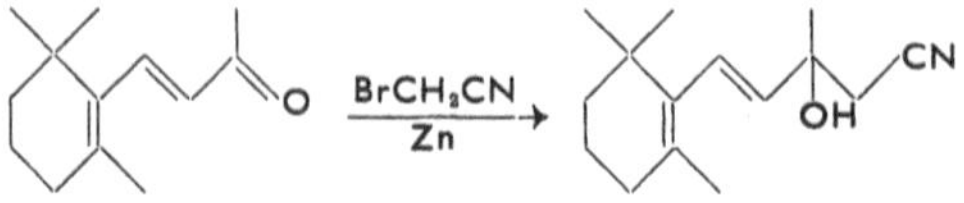

(XXXIII) (LIII)

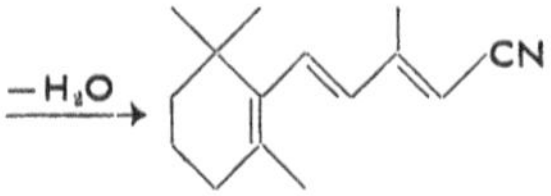

(LIV)

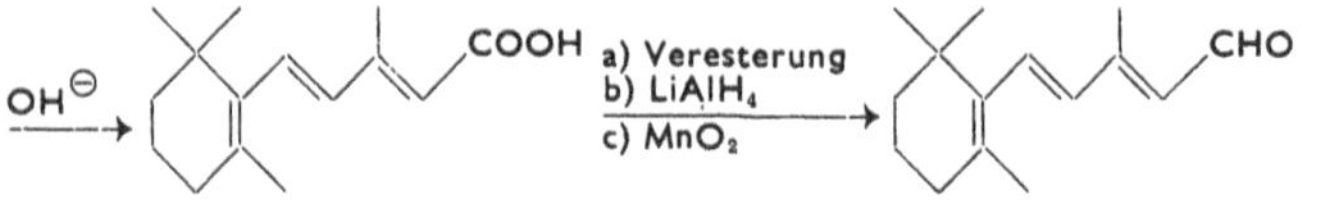

(LV) (LII)

Das benötigte C_5-Triphenyl-phoshin-alkylen (LVI) entsteht aus Triphenylphosphin und β-Methyl-γ-brom-crotonsäureester (LVII).

$$\underset{\text{(LVII)}}{BrCH_2-\underset{\substack{|\\CH_3}}{C}=CH-COOR} \xrightarrow{(C_6H_5)_3P} \left[(C_6H_5)_3\overset{\oplus}{P}-CH_2-\underset{\substack{|\\CH_3}}{C}=CH-COOR\right]Br^{\ominus}$$

$$\xrightarrow[-HBr]{OR^{\ominus}} \underset{\text{(LVI)}}{(C_6H_5)_3\overset{\oplus}{P}-\overset{\ominus}{C}H-\underset{\substack{|\\CH_3}}{C}=CH-COOR}$$

Aus der C_{15}- und der C_5-Komponente bildet sich in glatter Reaktion der Vitamin A-säureester (LVIII), der mit $LiAlH_4$ zum Wirkstoff reduziert wird.

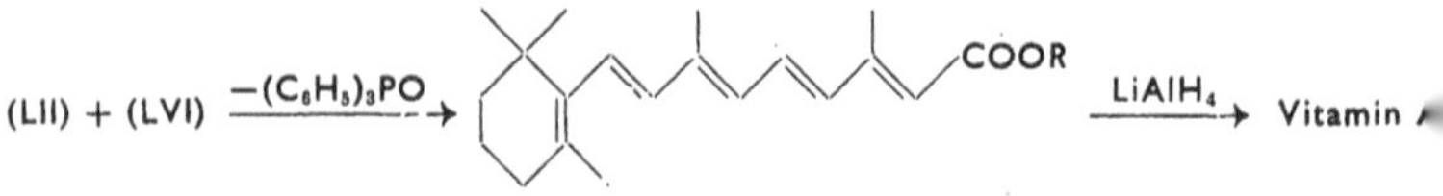

Pommer und Sarnecki verbesserten 1957/58 diese Synthese. Sie ersetzten den β-Jonylidenacetaldehyd (LII) durch das leichter darstellbare Vinyl-β-Jonol (LIX), das durch Äthinylierung von β-Jonon (XXXIII) und Lindlar-Hydrierung der Dreifachbindung quantitativ entsteht.

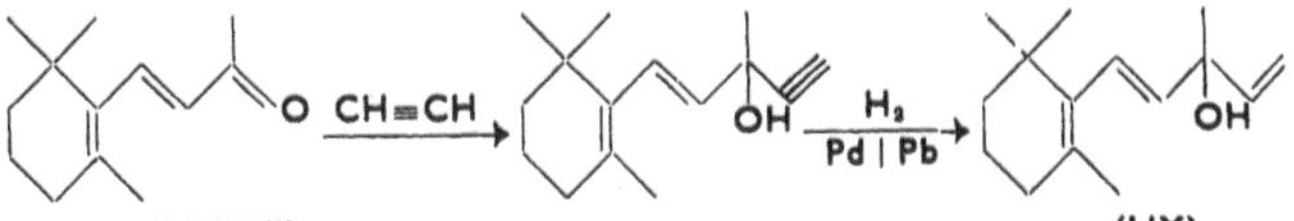

(XXXIII) (LIX)

(LIX) verhält sich wie das ihm isomere β-Jonyliden-äthanol (LX). Pommer und Sarnecki stellten fest, daß ein Ylid auch dann entsteht, wenn statt des Alkylhalogenids der zugehörige Alkohol mit Triphenylphosphoniumbromid umgesetzt wird. Sie konnten so aus Vinyl-β-jonol (LIX) in ausgezeichneter Ausbeute das Ylid (LXI) mit dem β-Jonyliden-äthylen-rest herstellen.

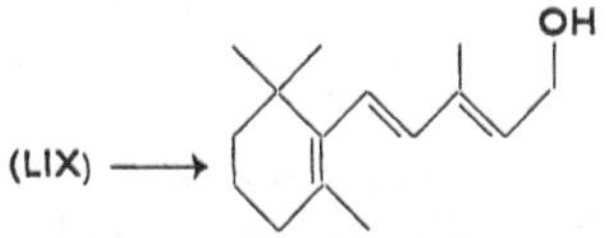

(LX)

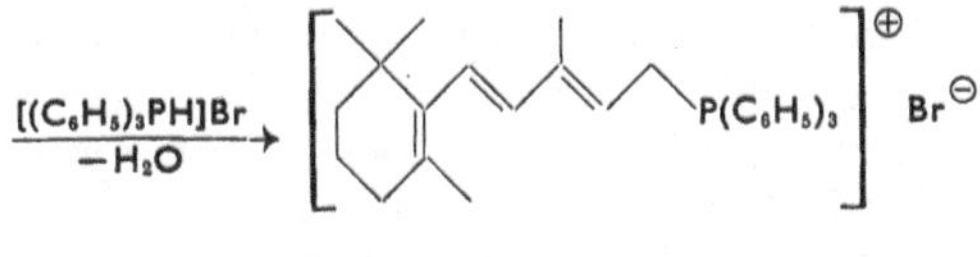

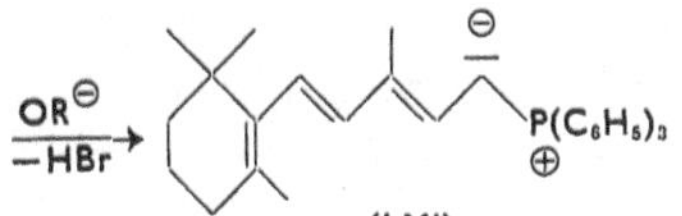

(LXI)

Dieses C_{15}-Ylid reagiert mit der C_5-Carbonylkomponente β-Formyl-crotonsäureäthylester (LXII) unter Abspaltung von Triphenylphosphinoxid zum Vitamin A-säureäthylester (LVIII).

(LXI)

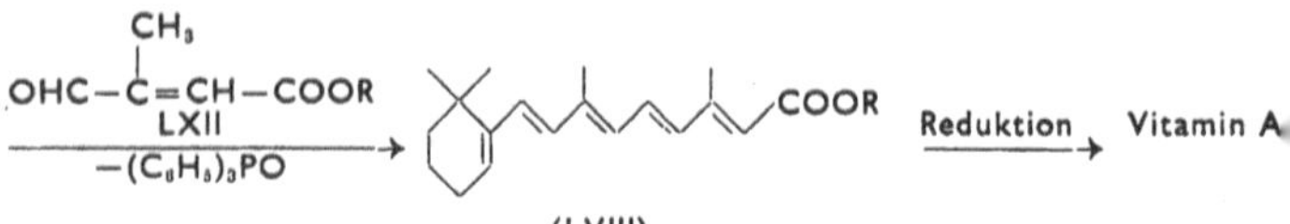

(LVIII)

Auch für die Reduktion zum Vitamin A wurde ein neues Verfahren gefunden. Die Nachteile beim Arbeiten mit $LiAlH_4$ in Äther (hoher Dampfdruck, Peroxide) werden vermieden, wenn die Hydrierung mit Na $[AlH_2(C_2H_5)(OC_2H_5)]$ in n-Octan (Ausbeute 95%) vorgenommen wird.

1.5. Synthese von β-Carotin

KARRER und INHOFFEN veröffentlichten 1950/51 Synthesen des β-Carotins, die die Struktur endgültig sicherten.

Technische Anwendung fand aber erst das 1956 von ISLER entwickelte Verfahren, in dem ebenfalls Zwischenprodukte der Vitamin A-Synthese verwandt werden. Das C_{13}-Keton β-Jonon (XXXIII) wird auf dem in Kap. 1.4.1.1. beschriebenen Wege in den C_{14}-Aldehyd (XXXVIII) überführt, der nach der *Enoläther-Methode* mit Vinyläther bzw. Propenyläther um zwei bzw. drei Kohlenstoffatome zum β-C_{16}-(LXIII) bzw. β-C_{19}-Aldehyd (LXIV) verlängert wird. Nach dieser Methode wird ein Aldehyd mit Ortho-ameisen-ester acetalisiert und mit dem ungesättigten Äther umgesetzt. Spaltung des Acetals und Eliminierung von ROH führt zum Aldehyd, der eine zusätzliche –CH=CH– Gruppierung enthält.

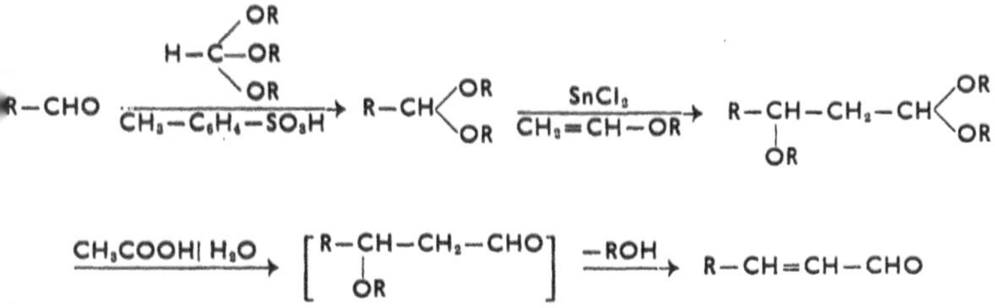

Zwei Moleküle des in ausgezeichneter Ausbeute anfallenden β-C_{19}-Aldehyds (LXIV) werden mit Acetylen-di-magnesiumbromid zu einem Gemisch der Isomeren des C_{40}-Diols (LXV) umgesetzt, das ohne Isolierung im sauren Medium unter Allylverschiebung zu dem gut kristallisierenden 15,15'-Dehydro-β-Carotin (LXVI) dehydratisiert wird. Die partielle Hydrierung am LINDLAR-Katalysator ergibt das 15,15'-cis-β-Carotin, das durch thermische Behandlung in Petroläther-Lösung in das weniger lösliche und dadurch fast quantitativ anfallende all-trans-β-Carotin (I) umgewandelt wird. Alle wichtigen Zwischenstufen dieser Synthese kristallisieren gut, so daß das Endprodukt in ausgezeichneter Reinheit gewonnen wird.

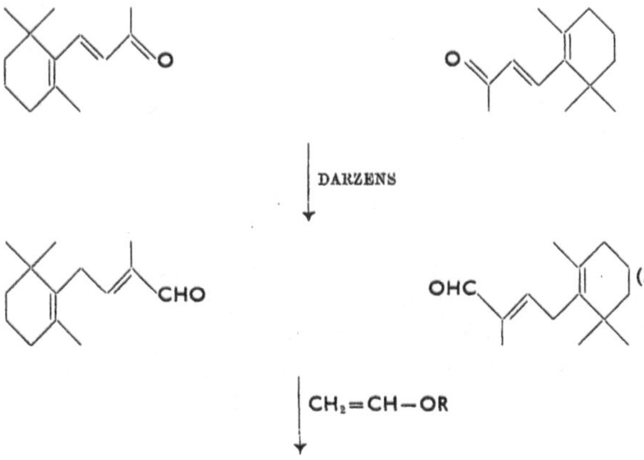

(XXXIII)

(XXXVIII)

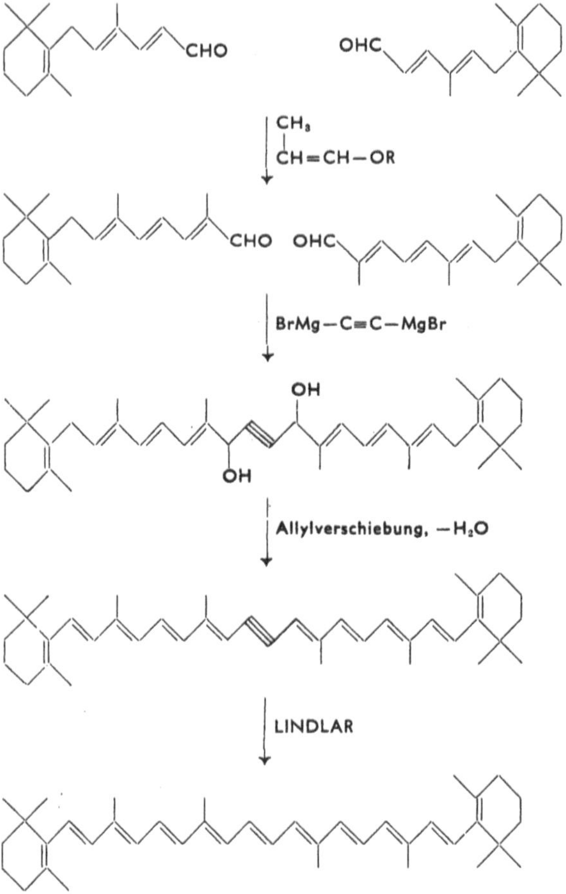

(LXIII)

(LXIV)

(LXV)

(LXVI)

(I)

Bestmann fand 1961 einen Weg, um Vitamin A direkt in β-Carotin zu überführen.

Nach der Methode von Pommer und Sarnecki (siehe Kap. 1.4.2.) wird aus Vitamin A mit Triphenylphosphin und Mineralsäure das Phosphoniumsalz in quantitativer Ausbeute hergestellt, das unter Säureabspaltung in das

Ylid Triphenylphosphin-axerophtylen (LXVII) übergeht. Autoxydation von LXVII ergibt sofort reines all-trans-β Carotin (I).

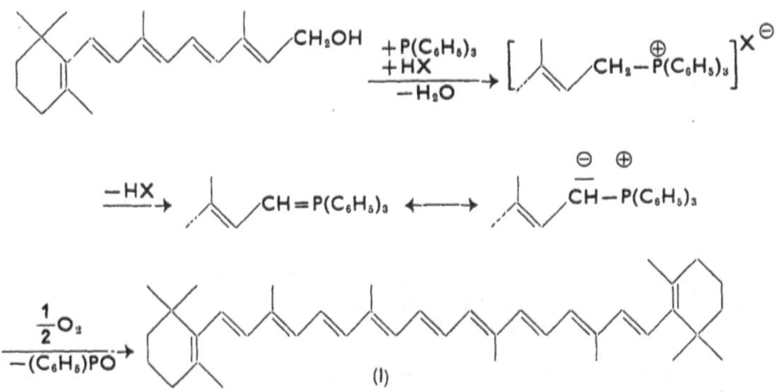

(I)

Nach diesem Prinzip der spiegelsymmetrischen Synthese können auch andere Carotinoide dargestellt werden.

2. Thiamin (Vitamin B_1)

2.1. *Vorkommen und Isolierung*

FUNK reicherte im Jahre 1911 aus Reiskleie eine stickstoffhaltige Substanz an, die eine im Tierversuch durch Mangeldiät erzeugte *Polyneuritis* zu heilen vermochte und deshalb als Vitamin bezeichnet wurde.

Dieses sogenannte „Vitamin B" erwies sich bald als Gemisch verschiedener Wirkstoffe. Erst 1926 konnten JANSEN und DONATH aus dem B-Komplex das kristallisierte *Vitamin B_1* gewinnen.

WINDAUS, TSCHESCHE und OHDAKE isolierten 1932 den reinen Wirkstoff aus Hefe (80 mg B_1 aus 100 kg) und Reissilberhäutchen (1,6 g B_1 aus 11500 kg), wiesen Schwefel im

Molekül nach und stellten mit $C_{12}H_{18}Cl_2N_4OS$ erstmalig die richtige Bruttoformel auf, die zur Grundlage der Strukturaufklärung wurde.

Wegen des Schwefelgehalts im Vitamin B_1 wird der von JANSEN 1935 vorgeschlagenen Bezeichnung *Aneurin* (= *a*ntipoly*neur*itisches Vitam*in*) seit 1949 der im angelsächsischen Schrifttum schon immer benutzte Trivialname *Thiamin* vorgezogen.

2.2. *Strukturaufklärung*

Innerhalb von vier Jahren (1932–36) konnte von WINDAUS, WILLIAMS und GREWE die Konstitution durch Abbau geklärt werden.

Das *Thiamin* ließ sich unter sehr milden Bedingungen mit Na_2SO_3 spalten.

$$C_{12}H_{18}Cl_2N_4OS \xrightarrow[-2\,NaCl]{+Na_2SO_3} \underset{(I)}{C_6H_9N_3O_3S} + \underset{(II)}{C_6H_9NOS}$$

Die Verbindung (I) erwies sich als starke Säure, deren Sulfongruppe nicht aus dem sauerstoffärmeren Vitamin B_1 stammen konnte.

Die Untersuchung der Spektren deutete auf ein Derivat des 4-Amino-pyrimidins hin. Da bei der Reduktion von (I) mit Natrium in flüssigem Ammoniak tatsächlich 2,5-Dimethyl-4-amino-pyrimidin (III) entstand, war die Konstitution des Bruchstückes (I) als 2-Methyl-4-amino-5-sulfomethyl-pyrimidin geklärt.

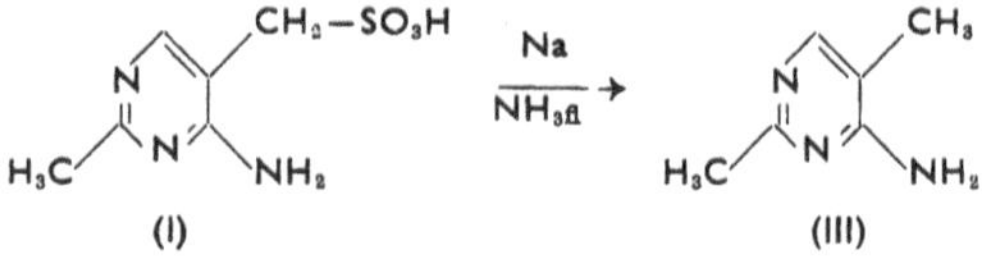

(I) (III)

Bei vorsichtiger Oxydation des Thiamins mit $KMnO_4$ oder auch bei der Reaktion mit flüssigem Ammoniak bildete sich stets eine basische Verbindung $C_6H_{10}N_4$, die wie das Ausgangsprodukt vier Stickstoffatome enthält, davon zwei als primäre Aminogruppen.

Es konnte angenommen werden, daß auch hier der Pyrimidinring mit der 4-ständigen Aminogruppe vorlag. Die Funktion des vierten Stickstoffs wurde durch Synthese der vier möglichen Isomeren der Formel $C_6H_{10}N_4$

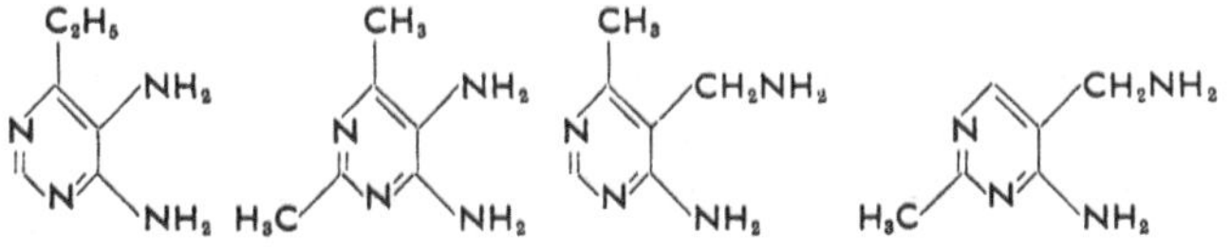

und deren Vergleich mit dem Abbauprodukt festgestellt.

Dabei erwies sich das aus Acetamidin und 1,1-Dicyan-2-äthoxy-äthen (IV) über die Cyan-Verbindung (V) hergestellte 2-Methyl-4-amino-5-aminomethyl-pyrimidin (VI) als identisch mit dem Abbauprodukt $C_6H_{10}N_4$.

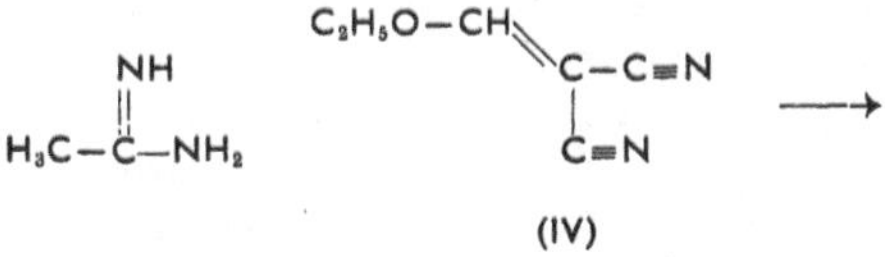

(IV)

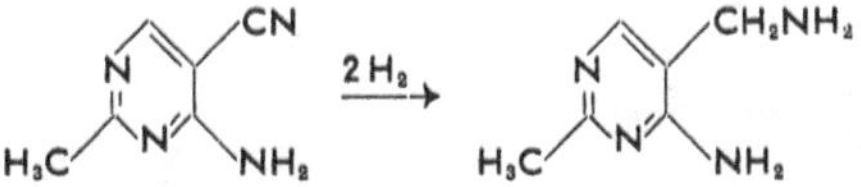

(V) (VI)

Daraus wurde geschlossen, daß die Verknüpfung der beiden Molekülteile über eine Methylengruppe erfolgt, die nach dem oxydativen Abbau den gleichen Stickstoff als primäre Aminogruppe trägt, der beim Sulfitabbau im Bruchstück (II) verbleibt.

Die Konstitution dieses Bruchstücks (II), in dem eine primäre Hydroxylgruppe nachgewiesen werden konnte, wurde durch oxydativen Abbau geklärt. Dabei entstand die 4-Methyl-thiazolcarbonsäure-5 (VII), deren Struktur auf spektroskopischem Wege sowie durch eine unabhängige Synthese gesichert wurde.

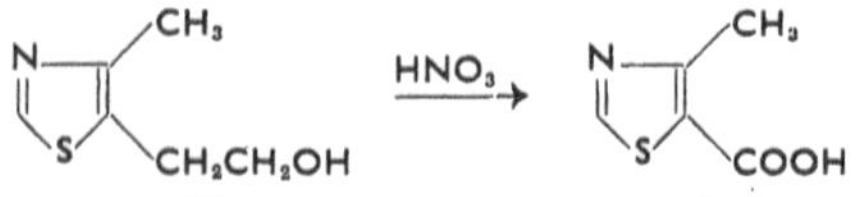

(II) (VII)

Damit ergab sich für das Vitamin B_1 die Struktur eines 3-(2'-Methyl-4'-amino-pyrimidyl-5'-methyl)-4-methyl-5-β-hydroxyäthyl-thiazoliumchlorid-hydrochlorids (VIII).

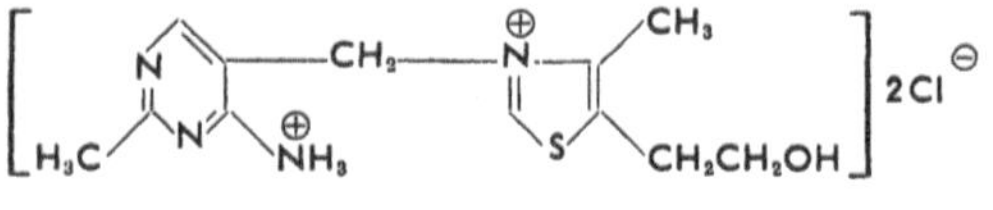

(VIII)

Die Formulierung als substituiertes Thiazoliumchlorid-hydrochlorid wurde durch die potentiometrische Analyse gestützt, die ähnliche Effekte wie bei bekannten quartären Ammoniumsalzen zeigte.

Der endgültige Beweis für die Richtigkeit dieser Strukturaufklärung durch Abbaureaktionen konnte natürlich nur durch die Totalsynthese geführt werden.

2.3. Synthese

Da nach der Strukturformel das *Thiamin* als ein quaterniertes Pyrimidinderivat eines substituierten Thiazols aufzufassen ist, waren die Verbindungen (IX) und (X) zu synthetisieren, deren Umsetzung sofort das Thiamin ergeben sollte:

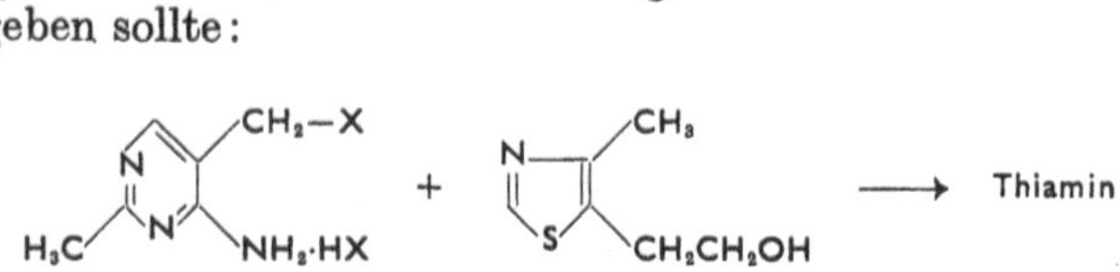

(IX) (X) (VIII)

2.3.1. Pyrimidin-Komponente

Zur Darstellung der Pyrimidinkomponente (IX) wurde von verschiedenen Forschern stets die allgemein anwendbare Umsetzung von Acet-amidin mit einer dem Syntheseziel entsprechend modifizierten β-Dicarbonylverbindung benutzt.

Als zweckmäßigste Lösung in technischer Hinsicht erwies sich dabei der folgende Reaktionsablauf. Bei Anwesenheit katalytischer Mengen Natriumäthylat wird Äthanol in sehr guter Ausbeute an Acrylnitril addiert. Das entstandene β-Äthoxy-propionitril (XI) wird mit Ameisensäureäthylester in die α-Formyl-Verbindung (XII) übergeführt. Da auch diese Stufe im alkalischen Medium verläuft, entsteht das Natrium-enolat, das sich ohne Isolierung mit Dimethyl-sulfat methylieren läßt.

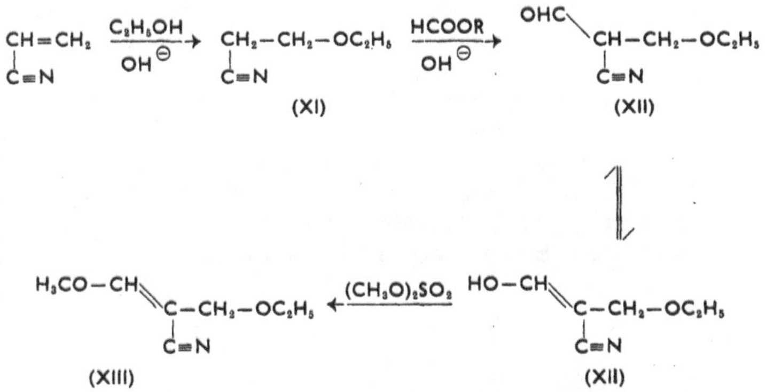

Das entstandene 1-Methoxy-2-cyan-3-äthoxy-propen-1 (XIII) fällt als cis-trans-Isomerengemisch an, kann aber ohne Trennung mit Acetamidin zum 2-Methyl-4-amino-5-äthoxymethyl-pyrimidin (XIV) umgesetzt werden, das mit Bromwasserstoff in Eisessig zum alkali-empfindlichen Dihydrobromid des 2-Methyl-4-amino-5-brommethyl-pyrimidins (IX) gespalten wird.

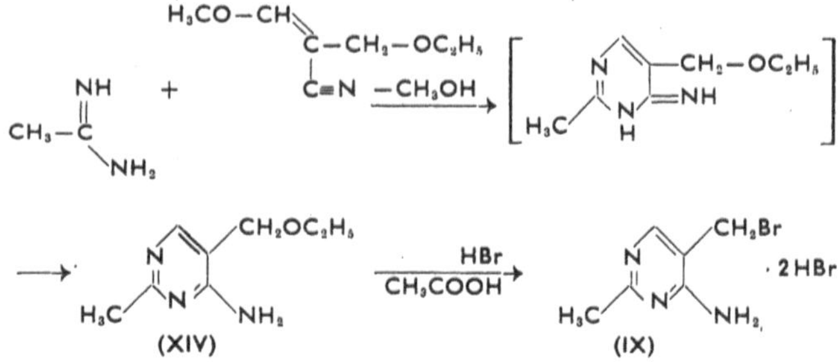

2.3.2. Thiazol-Komponente

Analog der Thiazolsynthese nach Hantzsch wird das Thioformamid bzw. eine stabilere, strukturell ähnliche Verbindung mit einem α-Halogenketon, dem 3-Chlor-4-oxo-pentanol (XV), umgesetzt.

Die Darstellung dieses Halogenketons geht vom Acetessigester aus, der mit Äthylenoxid α-Acetyl-γ-butyrolacton (XVI) bildet. Es schließt sich eine Chlorierung mit Sulfurylchlorid zum α-Chlor-α-acetyl-γ-butyrolacton (XVII) an, das nach Hydrolyse und Decarboxylierung das gewünschte α-Halogen-keton (XV) ergibt.

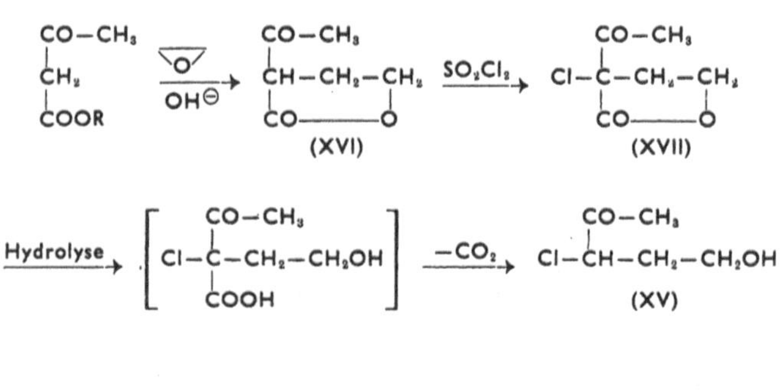

Die Umsetzung dieses α-Halogenketons zur benötigten Thiazolkomponente erfolgt zweckmäßig mit dem aus Schwefelkohlenstoff und Ammoniak leicht zugänglichen Ammoniumsalz der Dithiocarbaminsäure (XVIII).

Das dabei als Zwischenprodukt anfallende 2-Mercapto-4-methyl-5-β-hydroxyäthyl-thiazol (XIX) braucht nicht isoliert zu werden. Die störende 2-Mercapto-Gruppe wird mit Natriumnitrit zur Sulfinsäure oxydiert, die unter den vorhandenen Bedingungen Schwefeldioxid abspaltet und das gewünschte 4-Methyl-5-β-hydroxyäthyl-thiazol (X) entstehen läßt.

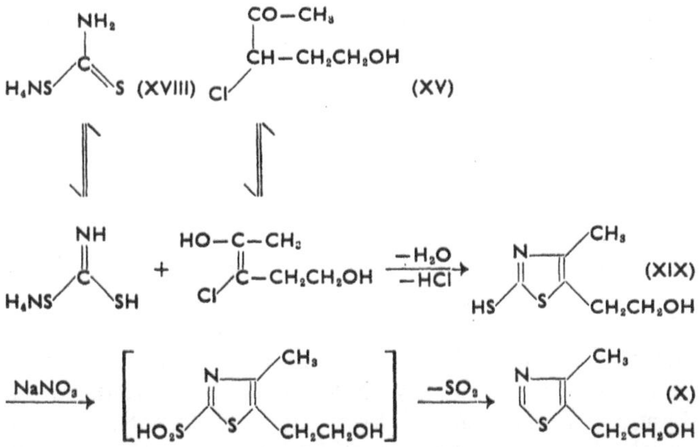

2.3.3. *Quaternierung*

Das quartäre Thiazoliumsalz entsteht durch Erhitzen der Pyrimidin- mit der Thiazolkomponente auf Temperaturen um 125°. Allerdings bildet sich primär Thiamin-bromid-hydrobromid, das über sein schwer lösliches Rhodanid schließlich in das Thiamin-chlorid-hydrochlorid, das Vitamin B_1, übergeht.

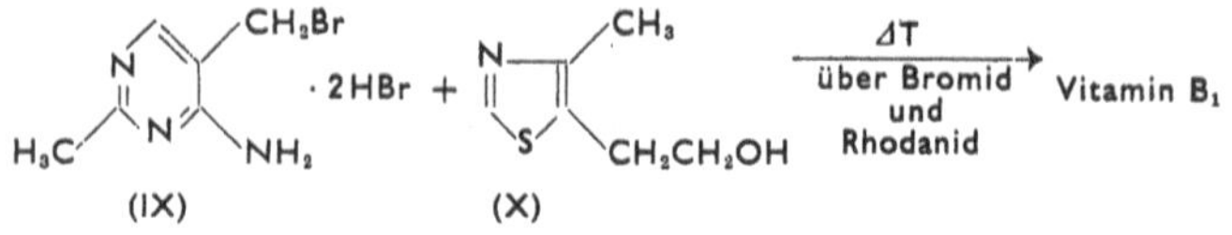

Durch diese in jeder Stufe gesicherte Totalsynthese ist auch die aus dem Abbau abgeleitete Struktur des Vitamins B_1 eindeutig bewiesen.

Einige andere Synthesen, nach denen das Vitaminmolekül nicht aus zwei kompletten Komponenten durch Quaternierung entsteht, sondern stufenweise aus dem Pyrimidin- oder dem Thiazolteil aufgebaut wird, erhärten diesen Beweis.

2.4. *Eigenschaften*

Das Thiaminmolekül (VIII) wird in alkalischer Lösung sehr rasch zerstört. Beim Kochen tritt Spaltung in Pyrimidin- und Thiazolkomponente, darüber hinaus aber Abbau zu Ameisensäure und anderen, zum Teil nicht identifizierten Zersetzungsprodukten auf. Bei der Reaktion mit Alkali, die durch die zur Strukturaufklärung benutzte potentiometrische Titration untersucht wurde, entsteht aus dem Dihydrochlorid über das Monohydrochlorid schließlich das Thiazolium-hydroxid, dessen Ring sich sofort öffnet. Das entstandene Na-Salz (XX) kann mit Jod zum *Thiamindisulfid* (XXI) oxydiert werden oder beim Erwärmen unter Azomethin-Bildung den Ring (XXII) schließen. Andererseits führt die alkalische Oxydation des Thiamins mit $K_3[Fe(CN)_6]$ zu dem blau fluoreszierenden *Thiochrom* (XXIII), dessen Struktur durch Synthese gesichert wurde. Seine Bildung dient zur B_1-Gehaltsbestimmung durch Fluoreszens-Analyse.

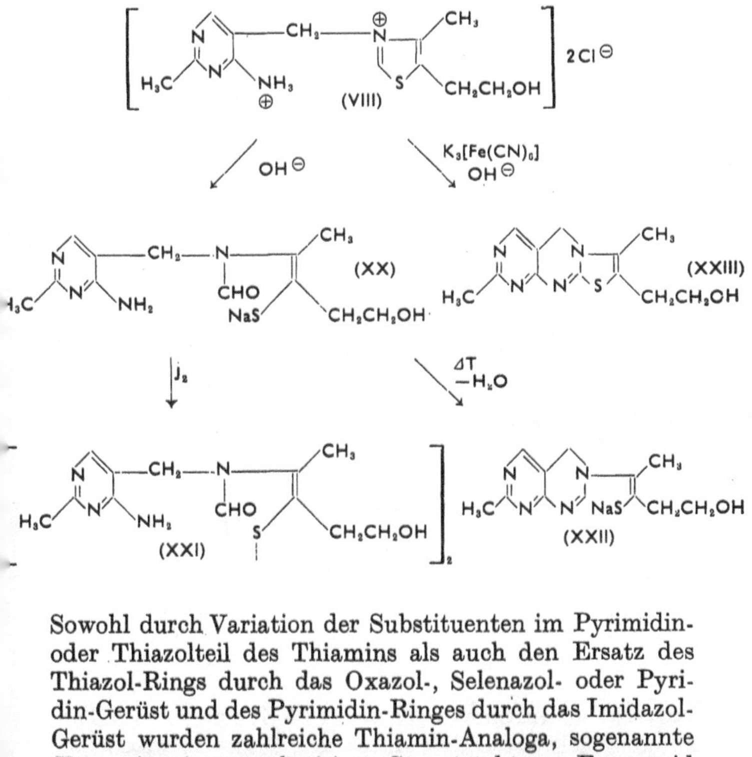

Sowohl durch Variation der Substituenten im Pyrimidin- oder Thiazolteil des Thiamins als auch den Ersatz des Thiazol-Rings durch das Oxazol-, Selenazol- oder Pyridin-Gerüst und des Pyrimidin-Ringes durch das Imidazol-Gerüst wurden zahlreiche Thiamin-Analoga, sogenannte *Heterovitamine*, synthetisiert. So entsteht aus Formamid und α-Chlor-acetessigester der 4-Methyl-oxazol-5-carbonsäureester, dessen Carbalkoxy-Gruppe in sechs Stufen durch $LiAlH_4$-Reduktion, Überführung des Alkohols in das Chlorid mit Thionylchlorid, Kolbe-Synthese zum Nitril, Verseifung, Veresterung und nochmalige Reduktion mit $LiAlH_4$ in die β-Hydroxy-äthyl-Gruppe umgewandelt wird. Das 4-Methyl-5-β-hydroxyäthyl-oxazol wird schon unter sehr milden Bedingungen vom Dihydrobromid des 2-Methyl-4-amino-5-brom-methyl-pyrimidins zum Oxazol-Analogen (XXIV) des Thiamins quaterniert.

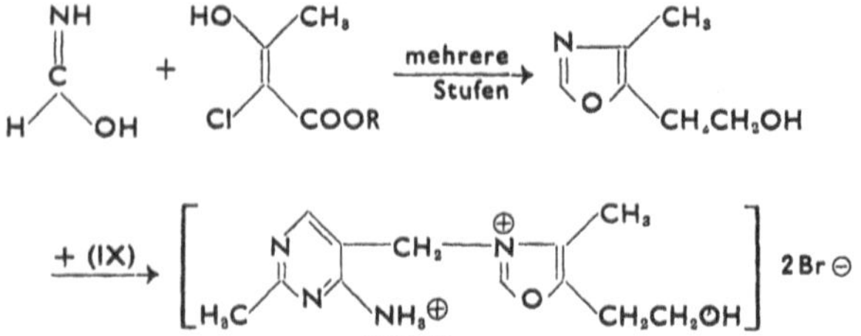

(XXIV)

Das *Pyrithiamin* (XXV), eine isoelektronische Verbindung des Thiamins, enthält statt des Thiazolringes den des Pyridins, d. h. eine $-\overline{\underline{S}}-$-Gruppierung wird durch $-CH{=}CH-$ ersetzt:

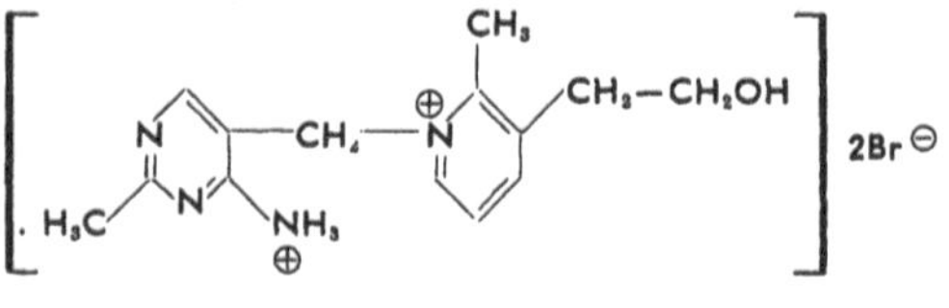

(XXV)

Es wirkt als Antimetabolit und ruft Symptome des Thiaminmangels hervor, die durch den Wirkstoff wieder beseitigt werden können.

Durch Veresterung des Thiamins mit Metaphosphorsäure und milde Hydrolyse entsteht der Pyrophosphorsäureester, die *Cocarboxylase* (Thiamin-pyrophosphat, TPP, XXVI).

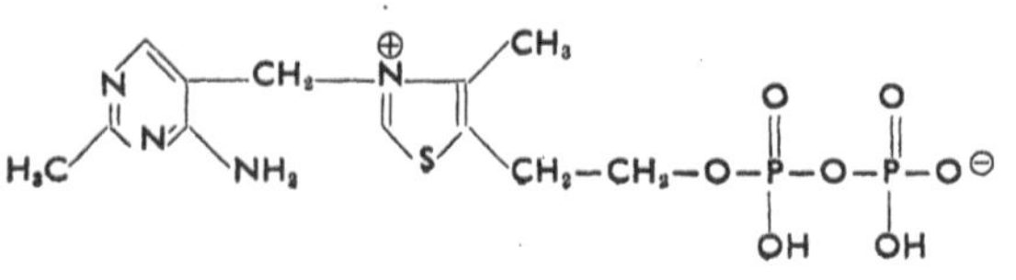

(XXVI)

Sie ist als Teil der prosthetischen Gruppe in dem Ferment *Carboxylase* enthalten, das die Decarboxylierung der Brenztraubensäure im Organismus katalysiert und damit eine wichtige Rolle beim Kohlenhydratstoffwechsel spielt.

3. Riboflavin (Vitamin B_2)

3.1. *Vorkommen und Isolierung*

KUHN und WARBURG isolierten 1933 aus Milch, Eiklar bzw. Hefe einen wasserlöslichen, gelbgrün fluoreszierenden Farbstoff mit wachstumsfördernder Wirkung. Aus 1000 *l* Molke konnten 70 mg der reinen, kristallinen Verbindung gewonnen werden, die den Namen *Lactoflavin* erhielt. Seit 1937 ist dafür die Bezeichnung *Riboflavin* international gebräuchlich.

Der Wirkstoff ist in der Natur weit verbreitet.

3.2. *Strukturaufklärung*

Aus Analyse und Molekulargewichtsbestimmung ergab sich die Summenformel $C_{17}H_{20}N_4O_6$ für das Riboflavin.

Seine auffälligste Eigenschaft war die bei der Belichtung in alkalischer Lösung auftretende Umwandlung in eine farblose Substanz der Summenformel $C_{13}H_{12}N_4O_2$, die deshalb den Namen *Lumiflavin* erhielt. Lumiflavin konnte beim gelinden Erwärmen im basischen Milieu zu einer Ketocarbonsäure und Harnstoff abgebaut werden.

Ein ähnliches Verhalten war bisher nur beim *Alloxazin* 2,4-Benzo-pteridin, (I), $C_{10}H_6N_4O_2$ bekannt, das aus Alloxan und o-Phenylendiamin hergestellt und durch Einwirkung von Licht auf seine alkalische Lösung in Harnstoff und 2-Hydroxy-chinoxalin-carbonsäure-(3) (II) gespalten worden war:

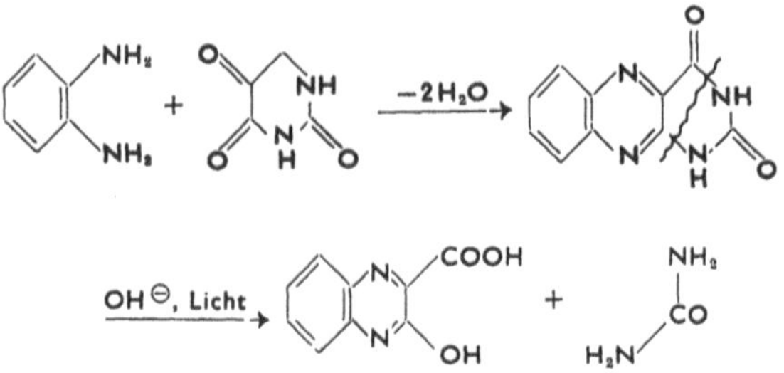

(I)

(II)

Da die Absorptionspektren des Lumiflavins und des Alloxazins ähnlichen Verlauf zeigten und die beiden Summenformeln einen Unterschied von $C_3H_6 = 3 \rangle CH_2$ aufwiesen, stellten Kuhn und Karrer für das Lumiflavin die Struktur eines Trimethyl-derivates vom Alloxazin (III) bzw. dem ihm tautomeren Isalloxazin, Flavin, (IV), zur Diskussion:

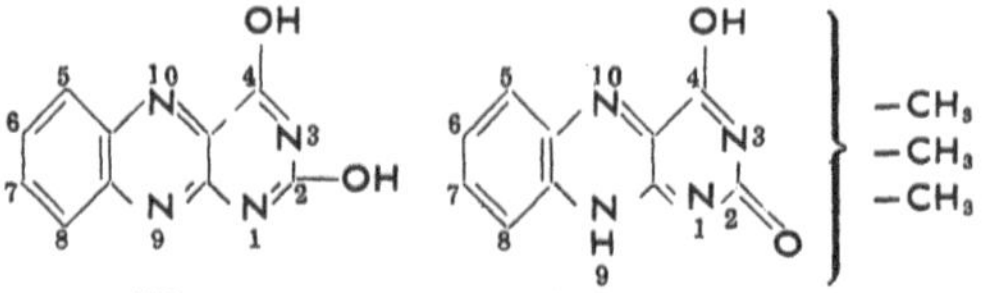

(III) (IV)

3.2.1. *Struktur des Lumiflavins*

Für die drei Methylsubstituenten standen die Stellungen 5, 6, 7, 8 und 9 zur Verfügung. Eine $\rangle N{-}CH_3$-Gruppierung konnte durch die *Methylimid-Bestimmung* eindeutig nachgewiesen werden. Dazu wurde das Hydrojodid des Lumiflavins thermisch in Methyljodid und eine um eine Methylgruppe ärmere Verbindung gespalten, so daß für die beiden restlichen Methylsubstituenten die Stellungen 5—8 am carbocyclischen Sechsring in Frage kamen.

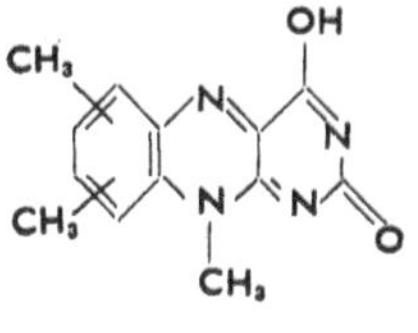

Da die Synthese eines derartigen N—Methyl-isalloxazin-derivates aus o-Methylamino-anilin und Alloxan möglich ist, konnte durch Verwendung der sechs isomeren Dimethyl-o-methylamino-aniline

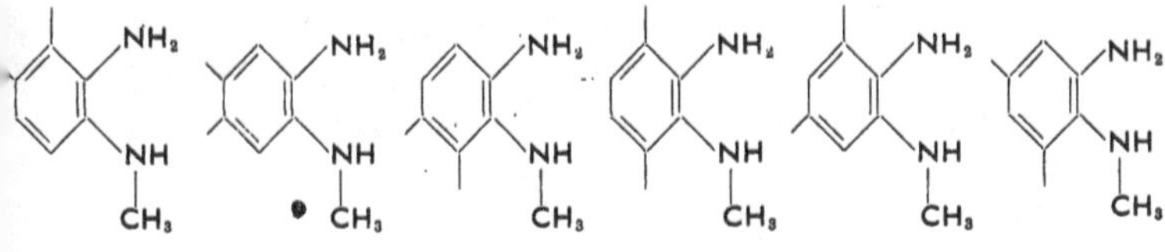

die Struktur des Lumiflavins als 6,7,9-Trimethylisalloxazin

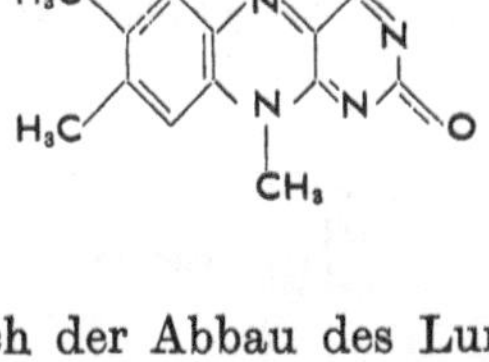

gesichert werden.

Damit war auch der Abbau des Lumiflavins geklärt, der analog dem des Alloxazins über Harnstoff und eine Keto-carbonsäure verläuft, die durch Erhitzen decarboxyliert und anschließend alkalisch zu 2-Methylamino-4,5-dimethyl-anilin gespalten werden kann:

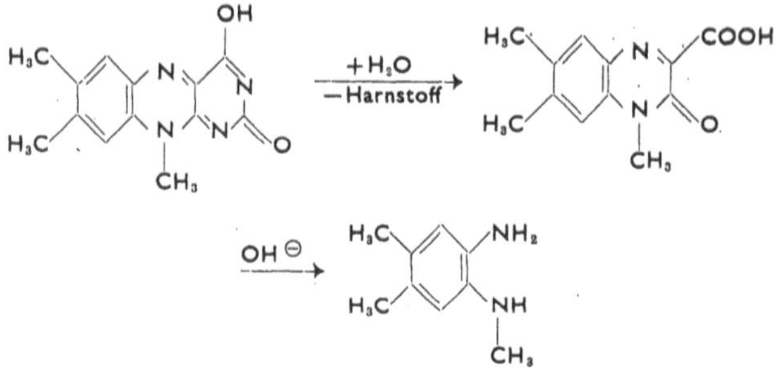

3.2.2. *Struktur der Seitenkette*

Das Riboflavin $C_{17}H_{20}N_4O_6$ enthält nach der Analyse 4 $\rangle$CH—OH—-Gruppen ($=C_4H_8O_4$) mehr als das Lumiflavin. Ein Tetra-acetyl-derivat bewies die Anzahl der Hydroxylgruppen, während der bei der $Pb(OCOCH_3)_4$-Oxydation entstehende Formaldehyd eine primäre Alkoholfunktion anzeigte. Je zwei Hydroxylgruppen müssen benachbart sein, da eine Diacetonverbindung des Riboflavins darstellbar war.

Die am Stickstoff in der 9-Stellung des Lumiflavins befindliche Methylgruppe konnte im Riboflavin nicht nachgewiesen werden. Dies führte zu der Annahme, daß der Tetrahydroxybutyl-Rest über eine Methylengruppe — aus der durch die Spaltung die Methylimidgruppe des Lumiflavins entsteht — mit dem tricyclischen System verbunden ist.

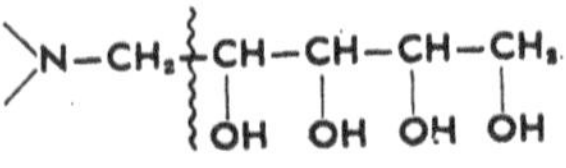

Wegen der drei vorhandenen asymmetrischen C-Atome standen acht Stereo-Isomere zur Wahl. Da eine Isolierung und Identifizierung des beim Riboflavin-Abbau abgespaltenen $C_4H_8O_4$-Bruchstückes nicht möglich war, konnte die Struktur des Vitamins B_2 nur durch Synthese der stereoisomeren Flavin(9)-derivate und deren Vergleich mit dem natürlichen Wirkstoff aufgeklärt werden.

3.2.3. Klassische Synthese

Kuhn und Karrer kondensierten 1935 unter anderem auch die D-Ribose (V) mit 2-Carbäthoxyamino-4,5-dimethyl-anilin (VI) und hydrierten die Schiffsche Base (VII) ohne Isolierung zum sekundären Amin (VIII). Durch alkalische Verseifung entstand das 3,4-Dimethyl-6-(D-1'-ribitylamino)-anilin (IX), das durch Erwärmen mit Alloxan im sauren Milieu zu einem Flavin kondensiert werden konnte, das in allen Eigenschaften mit dem natürlichen Vitamin B_2 übereinstimmte.

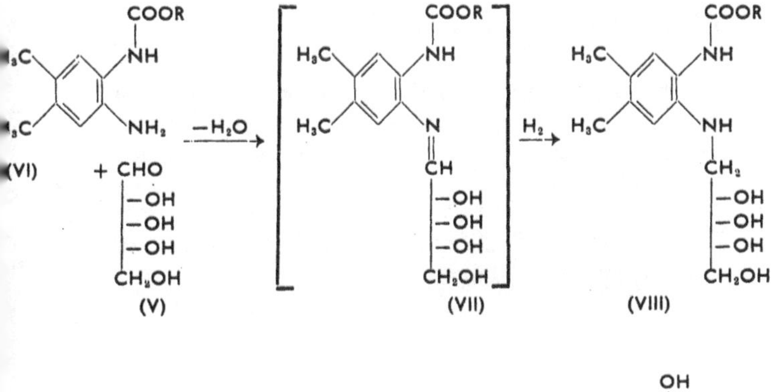

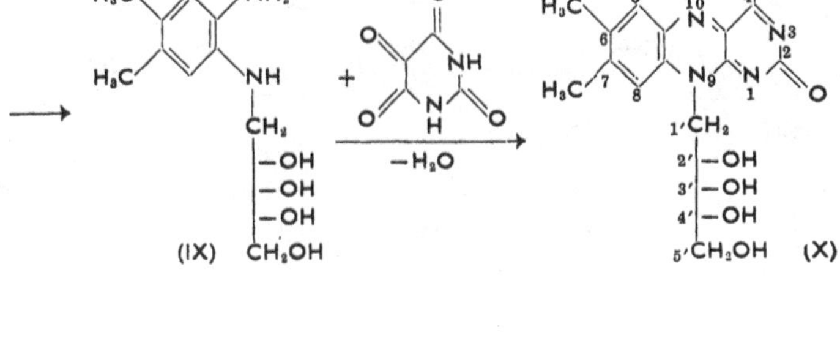

Damit war die Struktur des Riboflavins als 6,7-Dimethyl-9-(D-1'-ribityl)-flavin (x) gesichert.

3.3. *Synthese*

KUHN und KARRER gaben 1936 einen Weg an, auf dem — ähnlich ihrer klassischen Synthese zur Strukturaufklärung — das Riboflavin auch im technischen Maßstab zugänglich wurde. Mit Ausnahme geringer Verbesserungen wird auf diese Weise auch heute noch die Totalsynthese des Vitamins B_2 durchgeführt. Zentrale Ausgangsprodukte sind dabei die D-Ribose bzw. D-Arabinose sowie das 3,4-Dimethyl-anilin.

3.3.1. *Zucker-Komponente*

Zur Darstellung der D-Ribose (V) wird D-Glucose (XI) in stark alkalischer Lösung mit Luftsauerstoff zu der um ein C-Atom ärmeren D-Arabonsäure (XII) oxydiert, die in Pyridinlösung oder durch thermische Behandlung des Ca-Salzes zur D-Ribonsäure (XIII) epimerisiert wird. Das Lacton der D-Ribonsäure (XIV) ergibt bei der Reduktion mit Na-Amalgam die D-Ribose.

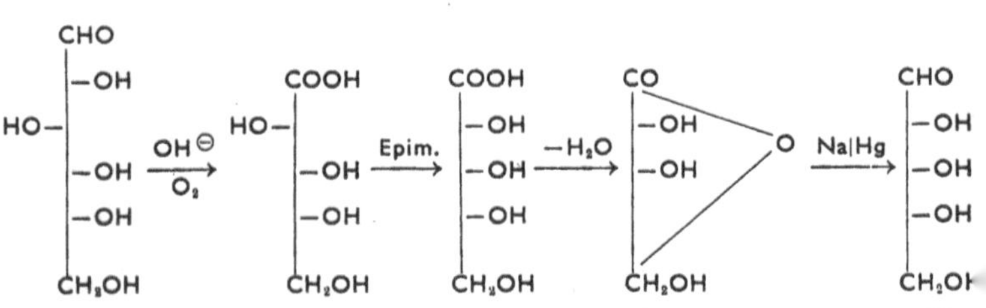

(XI) (XII) (XIII) (XIV) (V)

Die D-Arabinose (XV) entsteht durch Oxydation der D-Glucose (XI) zur D-Gluconsäure (XVI) und anschließenden Ruff-Abbau mit H_2O_2.

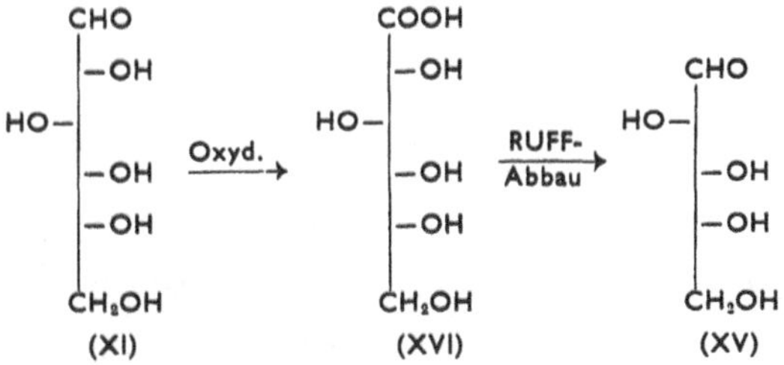

3.3.2. 3,4-Dimethylphenyl-D-1'-ribityl-amin

D-Ribose (V) wird mit 3,4-Dimethyl-anilin (XVII) zum Azomethin (XVIII) kondensiert, das sich ohne Isolierung katalytisch zum 3,4-Dimethyl-phenyl-D-1'-ribityl-amin (XIX) hydrieren läßt.

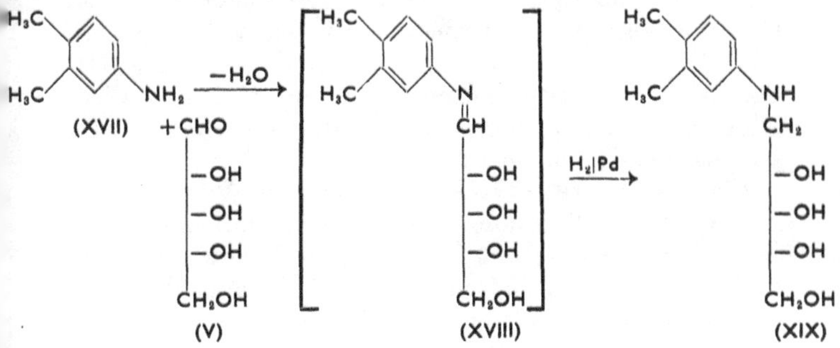

Die bei der Kondensation von D-Arabinose (XV) mit 3,4-Dimethylanilin (XVII) entstehende SCHIFFsche Base (XX) geht durch AMADORI-Umlagerung in ein substituiertes Isoarabinosamin (XXI) über, das bei katalytischer Hydrierung ebenfalls (XIX) liefert.

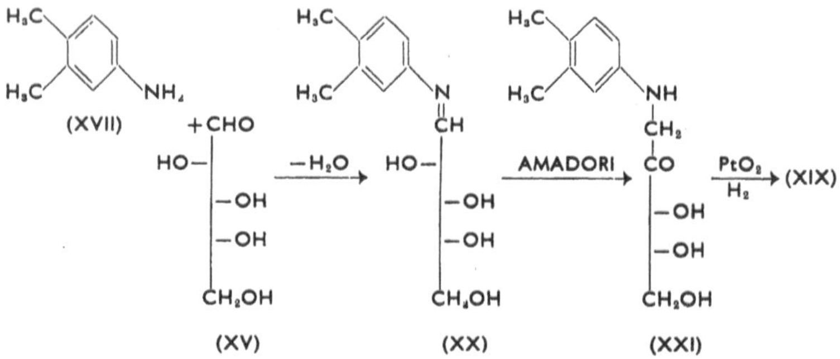

3.3.3. *Flavin*

In 6-Stellung des 3,4-Dimethylphenyl-D-1'-ribitylamins (XIX) wird eine zweite, reaktionsfähige Stickstoff-Funktion benötigt. Mit Phenyldiazoniumchlorid entsteht in sehr guten Ausbeuten die Diazo-Verbindung (XXII), die mit Na-dithionit in das Amin (XXIII), das 2-Ribitylamino-4,5-dimethyl-anilin, überführt wird. Dies wird ohne vorherige Isolierung mit Alloxan zum Riboflavin (X) kondensiert.

Eine von TISHLER (1947) entwickelte Variante der KUHN/KARRER-Synthese besteht darin, daß die Diazoverbindung (XXII) mit Barbitursäure kondensiert wird und dabei unter Abspaltung von Anilin in einer eleganten Reaktion sofort das Riboflavin (X) ergibt.

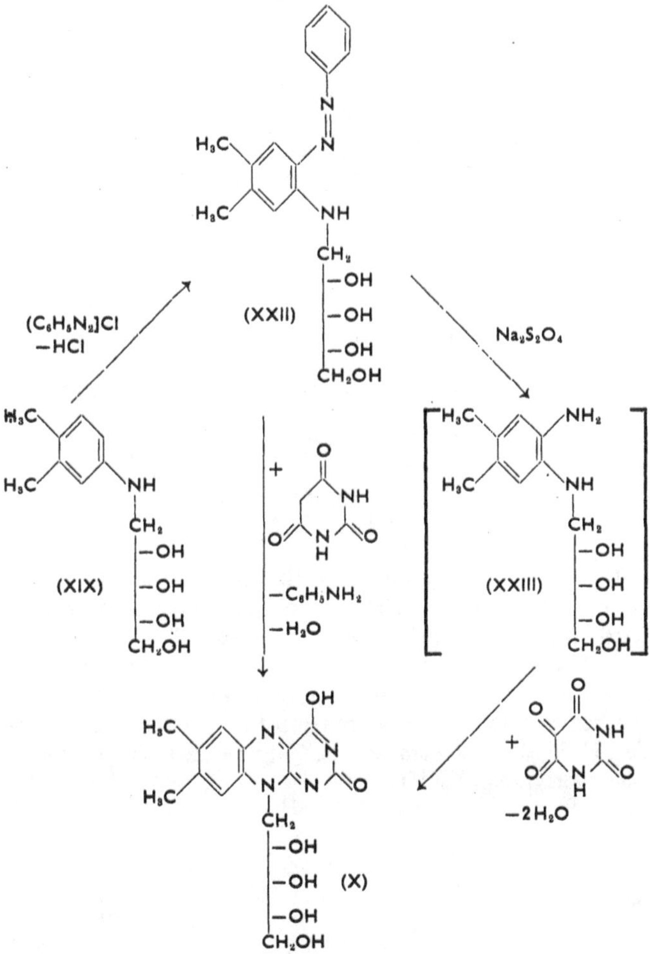

(XXII)
(C₆H₅N₂]Cl
−HCl
Na₂S₂O₄
(XIX)
(XXIII)
−C₆H₅NH₂
−H₂O
−2H₂O
(X)

3.4. *Eigenschaften*

Das Riboflavin beteiligt sich als 5'-Phosphat (= Flavin-mononucleotid FMN) sowie als Flavin-Adenin-dinucleotid FAD, (XXIV), der prosthetischen Gruppe der Flavoprotein-Enzyme, an zahlreichen biochemischen Redox-Reaktionen.

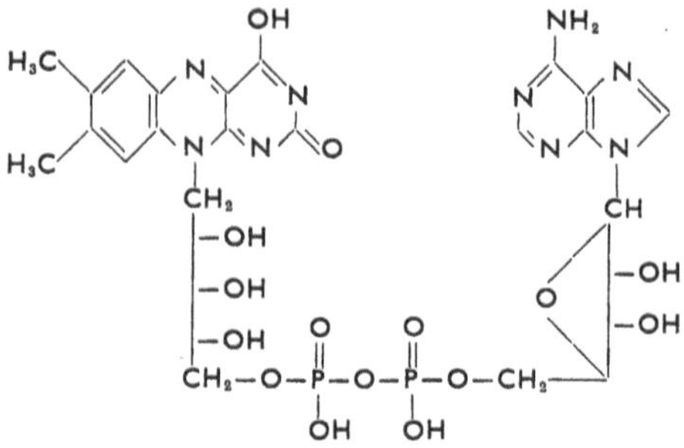

(XXIV)

Die Wirkung des Vitamins B_2 sinkt ab, sobald die 6- oder 7-ständige Methylgruppe durch Wasserstoff ersetzt wird, und verschwindet, wenn beide Substituenten fehlen. Das 6,7-Dichlor-derivat ist bereits ein Antagonist des Riboflavins, ebenso wie die dem Vitamin strukturell ähnlichen, aber völlig anderen Substanzklassen angehörenden Moleküle des *Atebrins* (XXV) oder des *Dihydrophenazin*-Derivates (XXVI).

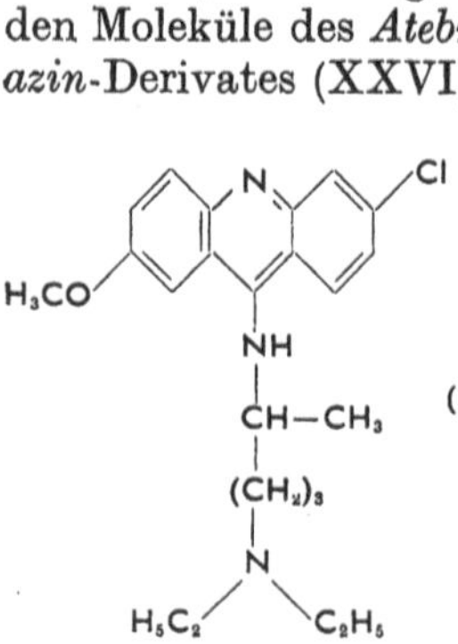

(XXV)

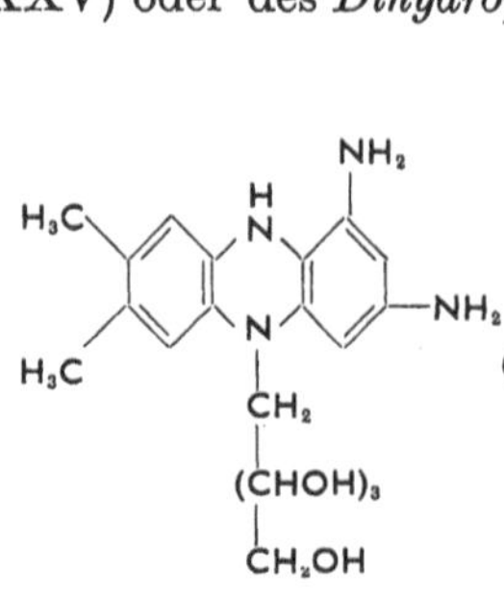

(XXVI)

4. Nicotinsäureamid

4.1. Vorkommen und Isolierung

In der Leber sowie den Muskeln von Säugetieren, in Milch, Hefe und Getreidekeimlingen kommt eine Substanz vor, die eine eindeutige Vitaminwirkung zeigt. Sie beseitigt bzw. verhindert die Symptome der menschlichen *Pellagra*, einer Krankheit, die mit Entzündungssymptomen, besonders an der Haut und an der Zunge, einhergeht. GOLDBERGER (1926) gab dieser Substanz deshalb den Namen *Pellagra-Preventative-Factor* oder *Vitamin PP*.

Der *Black-tongue-Faktor*, eine Substanz, die die Schwarzzungenkrankheit der Hunde verhindert, erwies sich als identisch mit diesem Vitamin PP.

ELVEHJEM isolierte 1937 aus Leberextrakten schließlich eine Substanz, die die Wirkung des Vitamins PP zeigte.

4.2. Strukturaufklärung und Synthese

Die Konstitutionsaufklärung erwies sich als wenig problematisch. Mikroanalyse und Molekulargewichtsbestimmung ergaben die Formel $C_6H_5NO_2$. Da eine Carboxylgruppe durch Salzbildung, Veresterung und andere typische Nachweisreaktionen erkannt werden konnte, blieb noch die Konstitution des Bruchstücks $-C_5H_4N$ zu klären. Dafür bot sich der Rest des einfach substituierten Pyridins an. Die Decarboxylierung des Wirkstoffes führte tatsächlich zum Pyridin, und durch Vergleich mit den bekannten 2-, 3- und 4-substituierten Pyridincarbonsäuren wurde das Vitamin PP als Pyridin-3-carbonsäure = *Nicotinsäure* (I) erkannt.

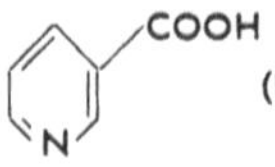

(I)

Diese Nicotinsäure hatte ihren Namen 1867 erhalten, als sie durch Oxydation aus Nicotin (II) gewonnen worden war.

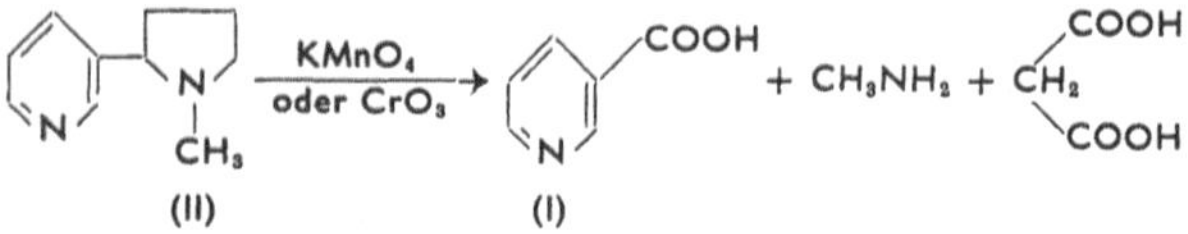

Um Verwechslungen mit dem Nicotin vorzubeugen, hat die Nicotinsäure auch den Namen *Niacin* erhalten.

Die Synthese der Nicotinsäure (I) oder ihres Amids (III), die sich im Organismus gegenseitig vertreten können, kann vom Pyridin ausgehen, das nach der Bromierung in die 3-Cyano-Verbindung übergeführt wird, deren alkalische Verseifung Nicotinsäure ergibt. Das Nitril entsteht auch aus der Pyridin-3-sulfonsäure mit Kaliumcyanid.

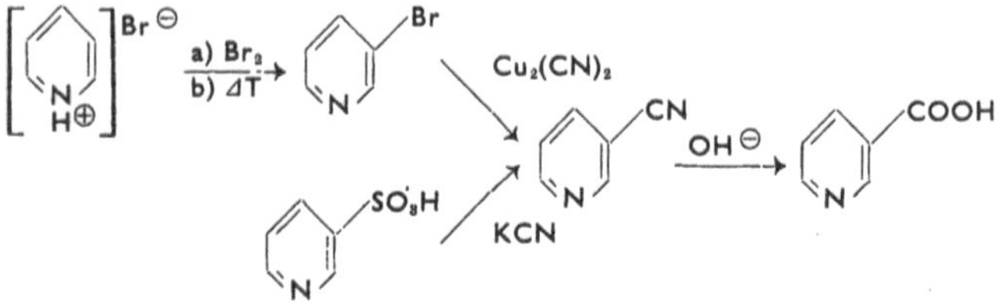

Auch durch Oxydation von Chinolin oder β-Picolin entsteht die Nicotinsäure, die über ihren Ester mit Ammoniak leicht das Amid (III) bildet. (III) läßt sich auch durch partielle Verseifung des 3-Cyano-pyridins (IV) gewinnen.

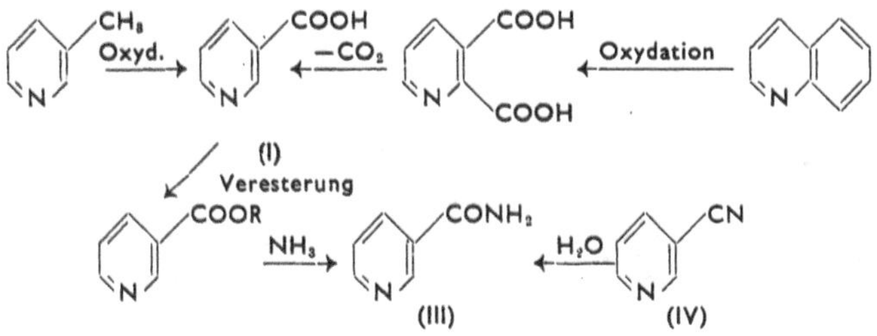

4.3. *Eigenschaften*

Der Organismus kann das Vitamin in der Leber in größerer Menge speichern. Die Ausscheidung geht langsam vor sich und erfolgt in Form der *Nicotinsäure* (I), des N-methylierten Betains *Trigonellin* (V), als Derivat des *6-Pyridons* (VI) oder als Peptid (VII) der Nicotinsäure mit Glykokoll (*Nicotinursäure*).

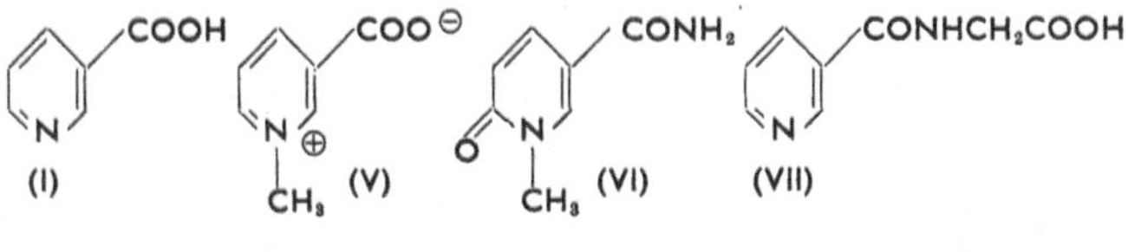

Seine größte Bedeutung hat das Nicotinsäureamid als Bestandteil von Fermentsystemen. Es findet sich in der prosthetischen Gruppe zahlreicher *Dehydrogenasen*, durch die Wasserstoff von einem Donator auf molekularen Sauerstoff oder einen anderen geeigneten Acceptor übertragen wird. Bekannte Enzyme dieses Typs sind die *Alkoholdehydrogenase* (ADH) und die *Lactatdehydrogenase* (LDH).

WARBURG und VON EULER erkannten die Codehydrase I als *Diphosphopyridinnucleotid* (DPN bzw. NAD), (X), der folgenden Struktur:

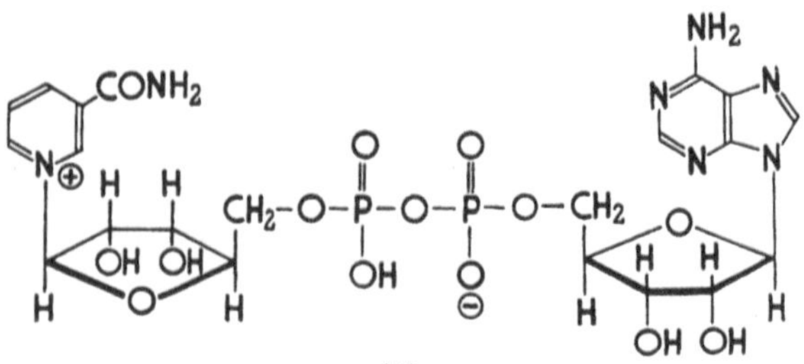

(X)

Pyrophosphorsäure trägt zwei Ribosereste, die durch Nicotinsäureamid und Adenin substituiert sind.

Die Codehydrase II enthält ein weiteres Molekül Phosphorsäure an der dem Adenyl-Rest benachbarten Hydroxylgruppe der Ribose und wird als *Triphosphopyridinnucleotid* (TPN bzw. NADP) bezeichnet.

Die Wasserstoffübertragung geschieht nach folgendem Schema, in dem —R den fehlenden Rest des Ferments darstellt.

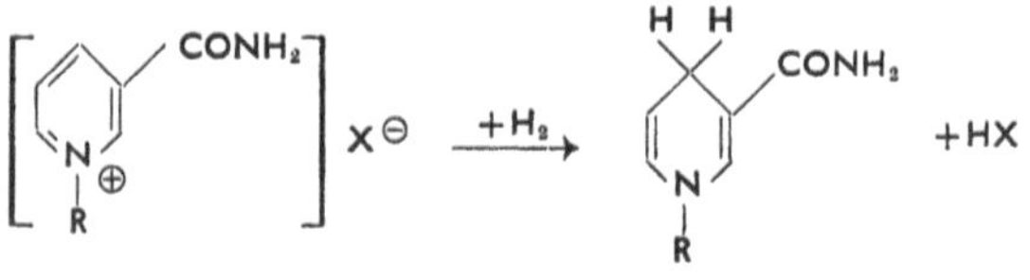

Antimetaboliten der Nicotinsäure bzw. ihres Amids sind die Pyridin-3-sulfonsäure (VIII) oder das 3-Acetylpyridin (IX), das bei Mäusen typische Mangelerscheinungen hervorruft.

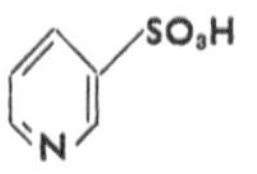

(VIII)

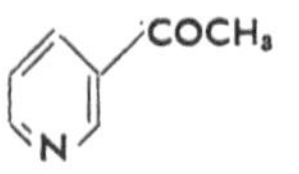

(IX)

5. Pyridoxin (Vitamin B_6)

5.1. *Vorkommen und Isolierung*

SZENT-GYÖRGY stellte 1934 fest, daß im Vitamin-B-Komplex außer *Thiamin* und *Riboflavin* ein weiterer Wirkstoff enthalten sein muß, der eine bei Ratten unter entsprechender Mangeldiät vorkommende Dermatitis zu heilen vermag. Da die Bezeichnungen Vitamin B_3, B_4 und B_5 für andere, allerdings nicht eindeutig nachgewiesene Wirkstoffe bereits vergeben waren, nannte SZENT-GYÖRGY diesen Ratten-Antidermatitis-Faktor *Vitamin B_6*. Auf Grund der auftretenden Hautveränderungen wurde es auch als *Adermin* bezeichnet.

Im Jahre 1938 konnte das gegen Wärme und Alkali stabile Vitamin B_6 aus Hefe (KUHN), Reiskleie (STEVENS) und Leberextrakten (VAN SCHOOR) erstmals kristallin isoliert werden. Die Abtrennung aus natürlichen Vorkommen wurde dadurch wesentlich erleichtert, daß mit allen in Frage kommenden Fraktionen ein biologischer Test an Ratten durchgeführt werden konnte. Bei einem Gehalt an B_6 verschwanden alle Symptome einer definierten B_6-Avitaminose.

5.2. *Strukturaufklärung*

Die Arbeitskreise um KUHN und HARRIS klärten 1934 bis 1938 die Struktur des Vitamin B_6 (*Pyridoxol*) auf.

KUHN hatte das Vitamin bei der Aufarbeitung aus natürlichen Vorkommen als Acetylderivat abgetrennt und gereinigt. Durch saure Verseifung entstand das Hydrochlorid, aus dem das reine Pyridoxol mit der Summenformel $C_8H_{11}NO_3$ gewonnen wurde.

Einer der drei Sauerstoffe war offenbar Bestandteil einer phenolischen Hydroxylgruppe, da das Pyridoxol die $FeCl_3$-Reaktion gab und mit Diazomethan zu einer Verbindung $C_9H_{13}NO_3$ veräthert werden konnte.

Da mit Essigsäure ein Diacetylderivat des Äthers entstand, wurden die beiden restlichen Sauerstoffe zwei alkoholischen Hydroxylgruppen zugeschrieben. N-Acetylderivate konnten bei der Acetylierung nicht entstanden sein, da der eine vorhandene Stickstoff offensichtlich tertiär gebunden war. Dies ließ sich damit begründen, daß das unverätherte Pyridoxol keine positive VAN SLYKE-Reaktion auf primäre oder sekundäre Aminogruppen gab. Außerdem konnte in dem Diacetylderivat des Pyridoxol-methyläthers kein aktiver Wasserstoff durch ZEREWITINOFF-Bestimmung gefunden werden. In quartärer Bindung konnte der Stickstoff nicht vorliegen, da das Pyridoxol ein Hydrochlorid bildete.

Die Annahme eines Pyridin-Grundgerüstes lag nahe. Sie wurde durch die große Ähnlichkeit des UV-Spektrums vom Pyridoxol mit dem bekannten 3-Hydroxy-pyridin-Derivat gestützt.

Im Molekül des 3-Hydroxy-pyridins waren demnach die beiden als Acetylderivate erfaßten $-CH_2OH$-Gruppen und außerdem ein Methylrest unterzubringen, der sich noch aus der Summenformel $C_8H_{11}NO_3$ ergab.

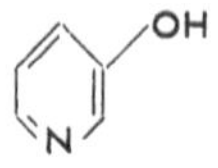

$$\left.\begin{array}{l}-CH_2OH\\-CH_2OH\\-CH_3\end{array}\right\}\ C_8H_{11}NO_3$$

Die Stellung dieser drei Substituenten konnte durch differenzierten oxydativen Abbau geklärt werden. Milde Oxydation des Pyridoxolmethyläthers führte zu einer Tricarbonsäure, für deren eine Carboxylgruppe aus Farbreaktionen die 2- bzw. 6-Stellung geschlossen werden konnte.

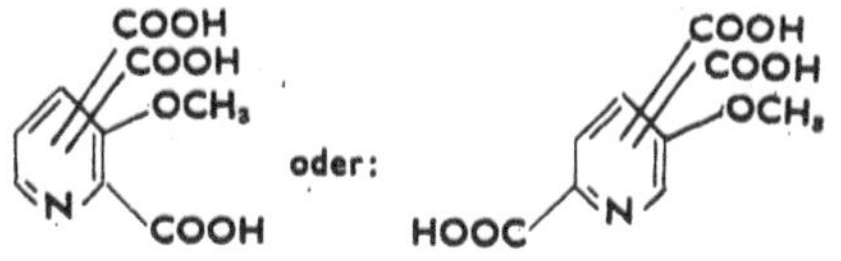

Diese dem Stickstoff benachbarte Carboxylgruppe wurde unter härteren Oxydationsbedingungen ($KMnO_4$/$OH^{\ominus}$) als Kohlendioxid aus dem Molekül entfernt. Das Reaktionsprodukt $C_8H_5NO_4$ zeigte die typischen Farbreaktionen nicht mehr und lag als Anhydrid einer Dicarbonsäure $C_8H_7NO_5$ vor, woraus auf die ortho-Stellung der beiden verbliebenen Carboxylgruppen geschlossen werden mußte. Für die ursprüngliche Tricarbonsäure waren noch zwei Möglichkeiten vorhanden:

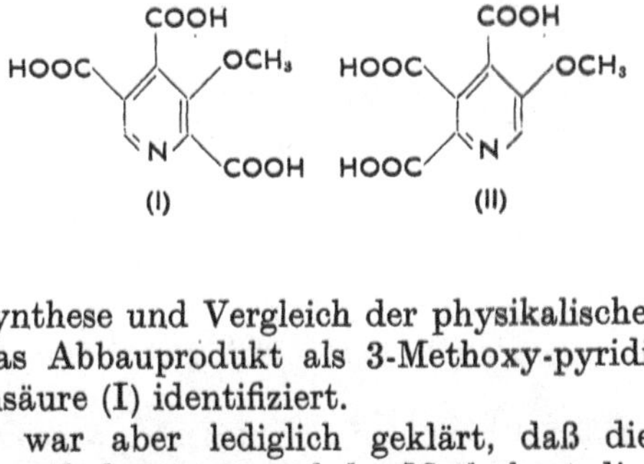

(I) (II)

Durch Synthese und Vergleich der physikalischen Daten wurde das Abbauprodukt als 3-Methoxy-pyridin-2,4,5-tricarbonsäure (I) identifiziert.

Damit war aber lediglich geklärt, daß die beiden Hydroxymethylgruppen und der Methylrest die Stellungen 2,4 und 5 besetzen.

Die exakte Zuordnung konnte durch vorsichtigen oxydativen Abbau des Pyridoxolmethyläthers mit Bariumpermanganat getroffen werden. Der Methylsubstituent blieb erhalten, und nur die beiden Hydroxymethylreste wurden zu Carboxylgruppen abgebaut. Es entstand die 2-Methyl-3-methoxy-pyridin-4,5-dicarbonsäure (III), die KUHN auch durch alkalische Oxydation eines Isochinolinderivates (IV) erhielt.

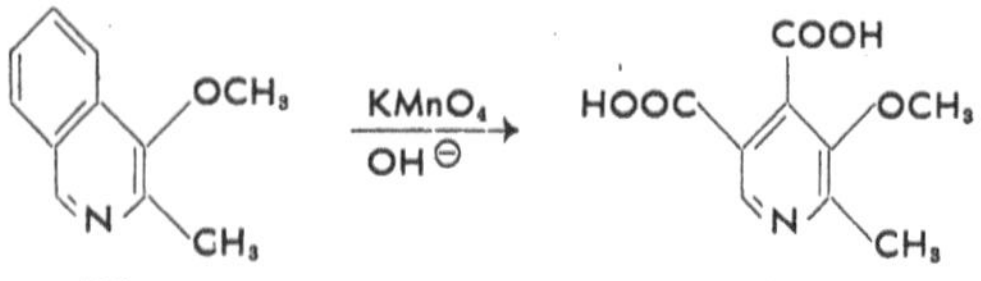

(IV) (III)

Damit war die Struktur des Pyridoxols als 2-Methyl-3-hydroxy-4,5-di(hydroxymethyl)-pyridin (V) gesichert. Auch *Pyridoxamin* (VI) und *Pyridoxal* (VII), die durch Umsetzung mit Ammoniak bzw. durch Oxydation aus Pyridoxol entstehen, waren damit in ihrer Struktur als 4-Amino-methyl- bzw. 4-Formyl-Analoge des Pyridoxols geklärt.

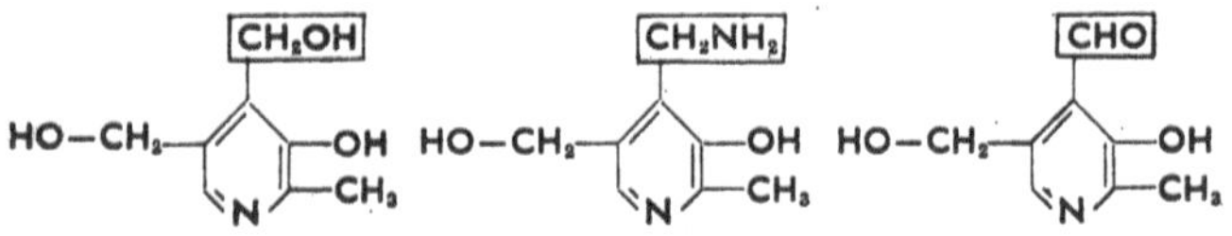

(V) (VI) (VII)

Für diese Gruppe von drei Pyridinderivaten mit B_6-Wirksamkeit ist auch der Name *Pyridoxin* gebräuchlich.

Das Pyridoxol kann auf Grund der Anwesenheit einer schwach sauren phenolischen Hydroxylgruppe sowie des basischen Pyridinstickstoffs in Abhängigkeit vom pH-Wert der Lösung verschiedene Strukturen ausbilden, die sich im UV-Spektrum erkennen lassen. Im sauren Gebiet (pH = 2,1) absorbiert das vorliegende Kation (VIII) bei 291 mμ; im neutralen Bereich (pH = 6,6) bildet sich ein Betain (IX) aus, das bei 255 und 324 mμ absorbiert; schließlich findet man im alkalischen Medium (pH = 10) für das Anion (X) die Maxima der Absorption bei 247 und 310 mμ.

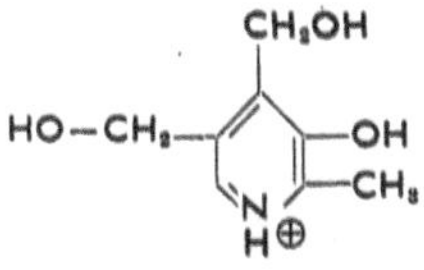

(VIII)

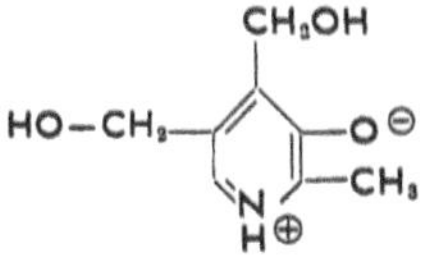

(IX)

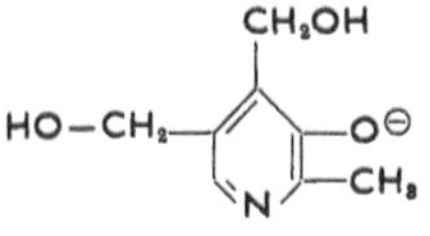

(X)

BELLAMY und GUNSALUS stellten 1943/44 fest, daß das Pyridoxal als 5'-Phosphat unter anderem das Coenzym der Aminosäuredecarboxylasen und Transaminasen (SGOT, SGPT) darstellt.

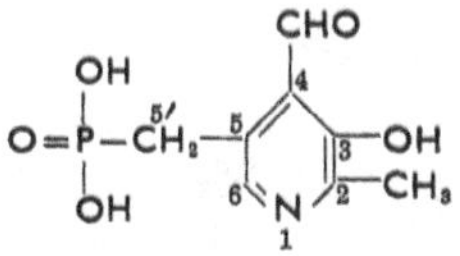

Für die physiologische Wirkung des Vitamins B_6 ist die 3-ständige phenolische Hydroxylgruppe und die Hydroxymethylgruppe am C-Atom 5 unentbehrlich. Wird die $-CH_2OH$ oder $-CH_2-NH_2$-Gruppe in 4-Stellung durch $-CH_2-O-CO-CH_3$, $-CH_2-NH-CH_2-$ $-C_6H_5$ oder ähnliche Reste ersetzt, bleibt fast die volle Vitaminwirksamkeit erhalten. Der Ersatz der 4-Hydroxymethylgruppe durch den Methylrest führt jedoch zu einem B_6-Antivitamin, dem Desoxy-pyridoxin (XI).

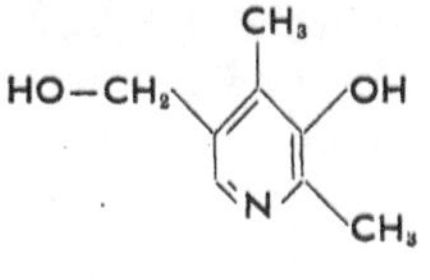

(XI)

Andere Antagonisten des Pyridoxins sind Isonicotinsäurehydrazid (INH), Thiosemicarbazid, Cycloserin, Penicillamin, 2-Hydroxy-4-nitro-benzaldehyd sowie das Pyramin (Toxopyrimidin), ein 2-Methyl-4-amino-5-hydroxymethyl-pyrimidin.

5.3. *Synthese*

Die Zeit zwischen der Konstitutionsaufklärung und der von verschiedenen Arbeitskreisen gleichzeitig durchgeführten Synthese betrug nur ein Jahr. HARRIS und FOLKERS veröffentlichten 1939 einen Reaktionsweg, der mit geringen Veränderungen auch heute noch zur technischen Darstellung von Pyridoxol verwandt wird.

Aus Chloressigsäuremethylester und Na-methylat wird der Methoxyessigsäuremethylester (XII) hergestellt, der nach CLAISEN mit Aceton zu Methoxyacetylaceton (XIII) kondensiert werden kann.

$$Cl-CH_2-COOCH_3 \xrightarrow[-NaCl]{CH_3ONa} CH_3O-CH_2-COOCH_3$$

(XII)

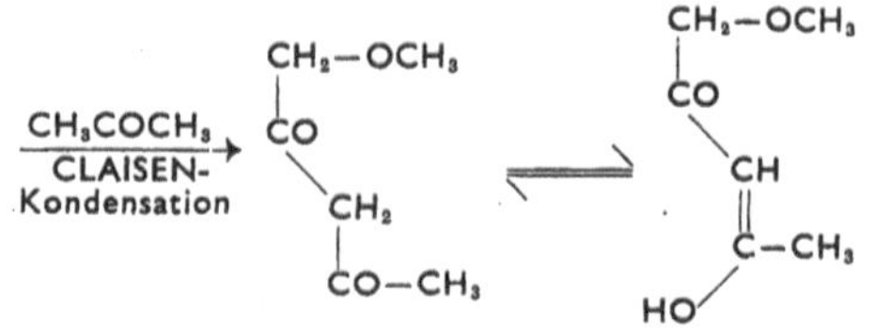

(XIII) (XIII)

Dieses als Enol vorliegende 1,3-Diketon wird mit Cyanacetamid (XIV) zum 2-Methyl-4-methoxymethyl-5-cyan-6-hydroxy-pyridin (XV) kondensiert, das auch als 2-Pyridon (XVI) formuliert werden kann.

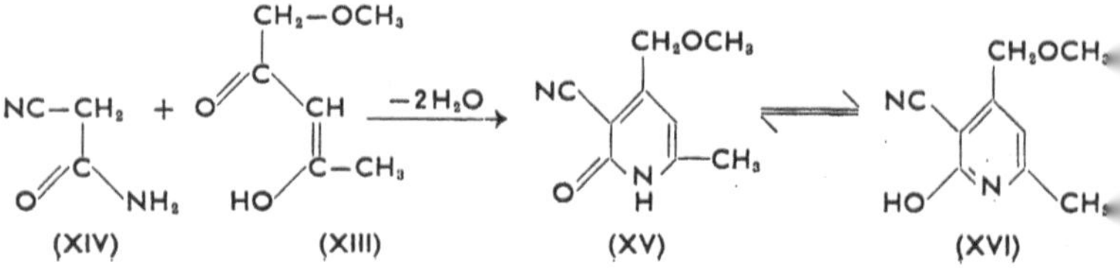

(XIV) (XIII) (XV) (XVI)

Durch Nitrierung mit HNO_3/Essigsäureanhydrid entsteht das 3-Nitro-derivat (XVII), dessen 6-Hydroxygruppe mit PCl_5 durch Chlor ersetzt wird (XVIII). Palladiumkatalysierte Hydrierung in verdünnter Salzsäure reduziert die Nitro- zur Aminogruppe, die Nitril- zur Aminomethylgruppe und entfernt gleichzeitig das 6-ständige Chlor (XIX).

Mit salpetriger Säure werden beide Amino- in Hydroxylgruppen überführt (XX), und eine sich daran anschließende Ätherspaltung mit Salzsäure bei 150° im Autoklaven liefert das Pyridoxol (V).

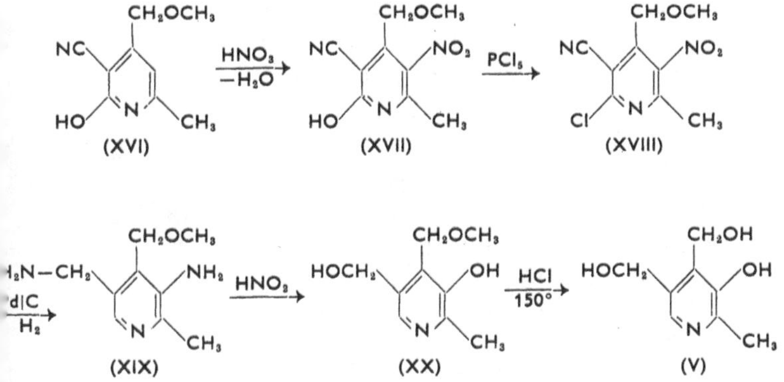

Zur Synthese des Pyridoxols stehen auch zahlreiche andere Verfahren zur Verfügung, die ständig weiterentwickelt werden. So konnte HARRIS 1962 Methoden zur Darstellung von Vitamin B_6, ausgehend von 4,5-disubstituierten Oxazolderivaten, wesentlich erweitern.

6. Pantothensäure

6.1. *Vorkommen und Isolierung*

WILLIAMS erkannte 1933, daß Hefe einen wasserlöslichen Wachstumsfaktor enthält, der meist von den Vitaminen der B-Gruppe begleitet wird und deshalb dem B-Komplex zugeordnet wurde.

Der Wirkstoff erhielt wegen seiner weiten Verbreitung (πάντοθεν = überall) in der Natur sowie auf Grund seines sauren Charakters den Namen *Pantothensäure.*

Das Vitamin kommt z. B. in Hefe, Reis- und Weizenkleie, Hülsenfrüchten, Erdnüssen, grünem Gemüse und Leber vor.

Seine Isolierung in analysenreiner Form aus dem Filtrat des B-Komplexes war lange Zeit nicht gelungen. Als 1940 durch KUHN und TH. WIELAND aus Thunfischleber ein Wirkstoff abgetrennt werden konnte, dessen Identität mit der Pantothensäure sich bald erwies, schloß sich die Strukturaufklärung an, deren Ergebnisse durch die Totalsynthese erhärtet wurden.

6.2. *Struktur*

WILLIAMS und Mitarbeiter führten 1938—40 die Strukturaufklärung der Pantothensäure durch. Sie fanden zwei Hydroxylgruppen, eine Carboxyl- und eine substituierte Aminogruppe im Molekül. Bei der alkalischen Spaltung entstand die in der Natur selten vorkommende Aminosäure *β-Alanin* sowie eine Hydroxycarbonsäure, *Pantoinsäure,* (I), die im Ausgangsprodukt offensichtlich über ihre Carboxylgruppe mit der Aminogruppe des β-Alanins peptidartig verknüpft ist. Die Konstitution der Hydroxycarbonsäure (I) wurde durch Abbau geklärt.

Mit Methylmagnesiumjodid entstand ein substituiertes Glykol (IV), das durch $Pb(OCOCH_3)_4$-Spaltung nach CRIEGEE in Aceton und einen Hydroxy-aldehyd (V) übergeführt werden konnte, der bei milder Oxydation mit Silberoxid in die seit 1901 bekannte α,α-Dimethyl-β-hydroxy-propionsäure (VI) überging.

Verwandte man zur GRIGNARD-Reaktion Phenylmagnesiumbromid, so wurde aus dem substituierten Glykol (III) durch CRIEGEE-Spaltung Benzophenon und der gleiche Hydroxy-aldehyd (V) erhalten.

Damit ergab sich für die Pantoinsäure (I), die allerdings nur in Form ihrer Salze oder als Lacton (*Pantolacton*, II) stabil ist, die Struktur einer α,γ-Dihydroxy-β,β-dimethyl-buttersäure (I).

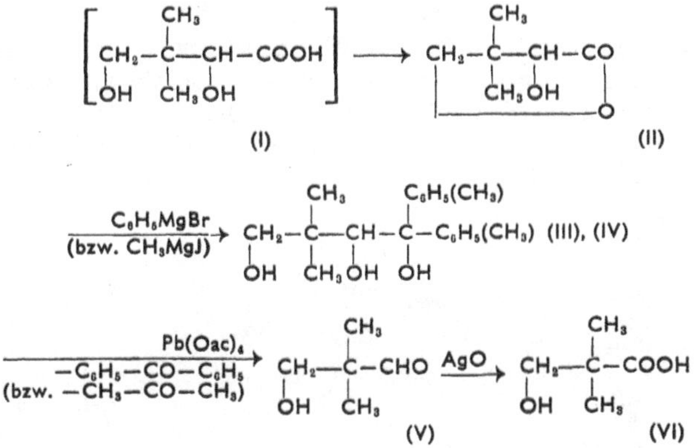

Die Pantoinsäure (I) bzw. ihr Lacton (II) zeigen auf Grund des in α-Stellung zur Carboxylgruppe befindlichen asymmetrischen Kohlenstoffatoms optische Aktivität. In der natürlich vorkommenden D(+)-Pantothensäure (VII) ist die Carboxylgruppe der D(–)-Pantoinsäure durch die Aminogruppe des β-Alanins peptidartig gebunden. Die D(+)-Pantothensäure ist demnach

N-[D(+)-α,γ-Dihydroxy-β,β-dimethyl-butyryl]-β-Alanin (VII).

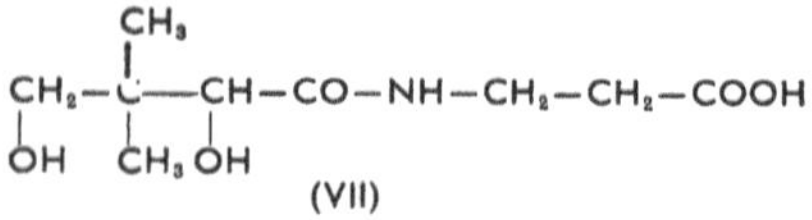

(VII)

6.3. *Synthese*

Die Arbeitskreise um KUHN und TH. WIELAND, REICHSTEIN und STILLER konnten bereits 1940 die Totalsynthese durchführen.

Alle Synthesen beruhen auf der Umsetzung von β-Alanin (VIII) oder seinen Derivaten mitD(—)-Pantolacton (IX).

Das β-Alanin (VIII) ist durch HOFMANN-Abbau des Succinimids, durch katalytische Hydrierung von Cyanessigester, durch Addition von Ammoniak an Acrylnitril und anschließende Verseifung oder durch alkalische Polymerisation von Acrylamid und darauf folgende saure Hydrolyse zugänglich.

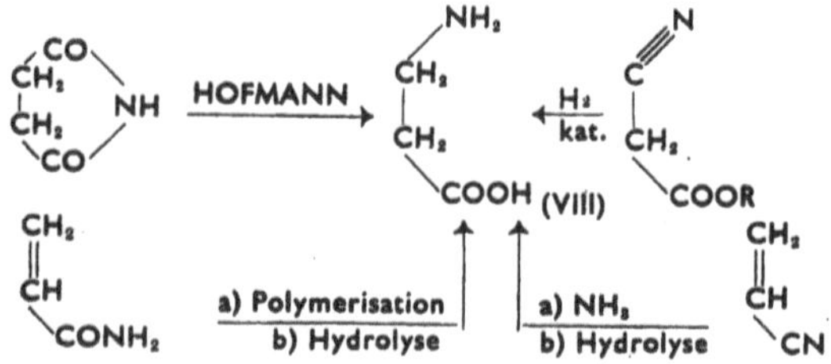

Zur Darstellung von D(—)-Pantolacton (IX) wird Isobutyraldehyd (X) durch katalytische Oxydation bzw. Dehydrierung aus Isobutanol hergestellt und mit Formaldehyd zu α-Hydroxymethylisobutyraldehyd (XI) aldolisiert. (XI) addiert Blausäure zum Cyanhydrin (XII), dessen Verseifung Pantoinsäure (I) ergibt, die sich sofort zum beständigen D,L-Pantolacton (II, D,L-α-Hydroxy-β,β-dimethyl-γ-butyrolacton) stabilisiert.

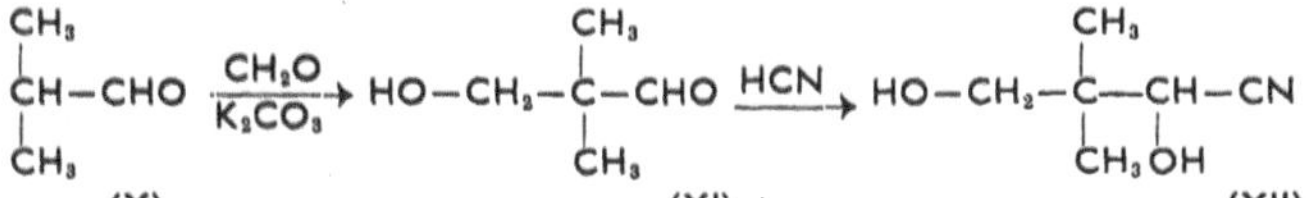

(X) (XI) (XII)

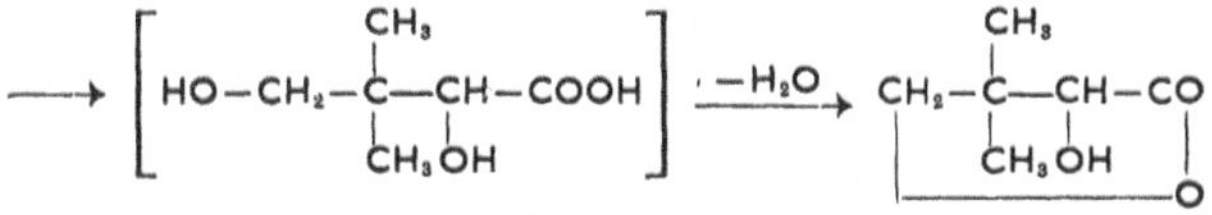

(I) (II)

Die Trennung des Racemates (II) mit optisch aktiven Basen (Chinin, Ephedrin) ist auch technisch durchführbar (Chloromycetin). Das für die weiteren Reaktionen nicht verwendbare L(+)-Pantolacton wird in alkalischer Lösung durch mehrstündiges Erhitzen racemisiert und dem bei der Synthese anfallenden Racemat zugeführt, so daß keine Verluste auftreten.

Das D(—)-Pantolacton, (IX), $[\alpha]_D^{26} = -49{,}8°$ reagiert mit β-Alanin (VIII) bzw. seinem Äthylester zur D(+)-Pantothensäure (VII), $[\alpha]_D^{26} = +37{,}5$), die in allen ihren Eigenschaften mit dem natürlichen Wirkstoff übereinstimmt.

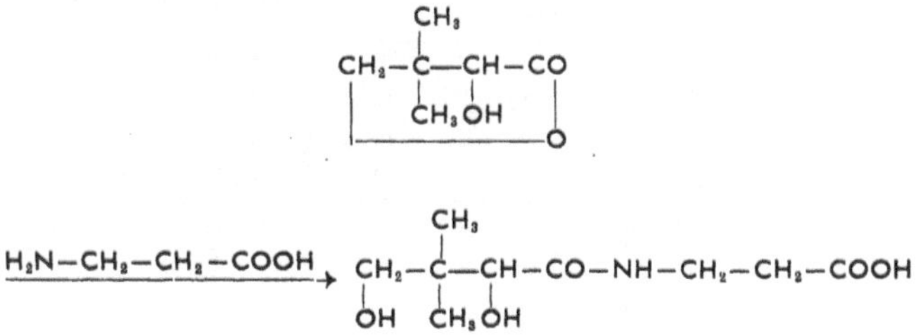

(IX) (VII)

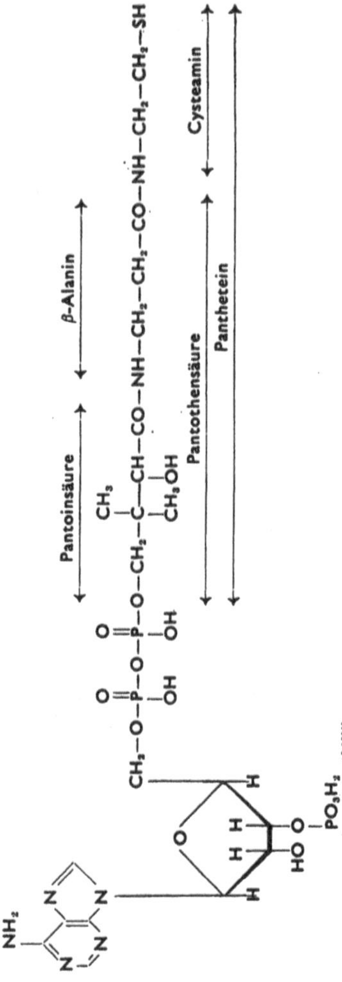
Pantoinsäure
β-Alanin
Pantothensäure
Cysteamin
Panthetein

(XIII)

6.4. Eigenschaften

Pantothensäure ist enthalten im Coenzym A (XIII), der prosthetischen Gruppe jenes Enzyms, dessen Aufgabe im Organismus in der Aktivierung der Essigsäure („aktiviertes Azetat"), anderer niederer sowie höherer Fettsäuren besteht. Nach LIPMANN und SNELL (1953) ist das Molekül des Coenzyms A aus folgenden Bestandteilen zusammengesetzt: Adenin, D-Ribose, Pantothensäure, Thioäthanolamin (2-Mercapto-äthylamin-(1), Cysteamin), 3 Mol Phosphorsäure.

Die Bindung des zu aktivierenden Acylrestes erfolgt durch Substitution des Wasserstoffs in der Mercapto-Gruppe (Acyl-S-CoA). Über solche energiereiche und dadurch hochaktive Coenzym A-Komplexe verlaufen wichtige biochemische Reaktionen, z. B. die Inaktivierung der Sulfonamide und zahlreicher anderer Pharmaka. Mehr oder weniger weitgehende Veränderungen der Struktur der Pantothensäure führen zu Substanzen, die bei verschiedenen Lebewesen eine unterschiedliche Vitaminwirkung zeigen.

So besitzen der Methyl- und der Äthylester der Pantothensäure sowie das *Panthenol* (XIV), in dem die Carboxylgruppe der Pantothensäure durch $-CH_2OH$ ersetzt ist, für Vögel und Säugetiere fast die vollen Wirkstoffeigenschaften. Offensichtlich kann das Panthenol in diesen Organismen zur Pantothensäure oxydiert werden.

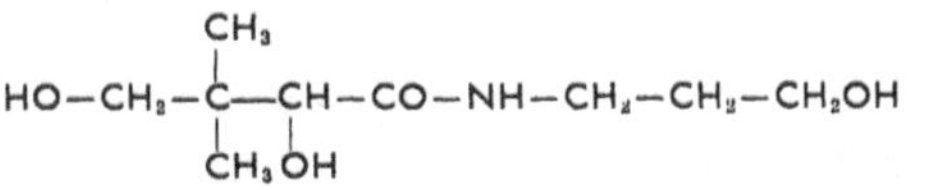

(XIV)

Auch das *Panthetein* (XV), ein Zwischenprodukt bei der Spaltung bzw. Synthese des Coenzyms A aus Pantothensäure, sowie das durch Dehydrierung aus XV entstehende Disulfid *Panthetin*, zeigen bei bestimmten Lebewesen (Huhn, Ratte) volle Vitaminwirksamkeit.

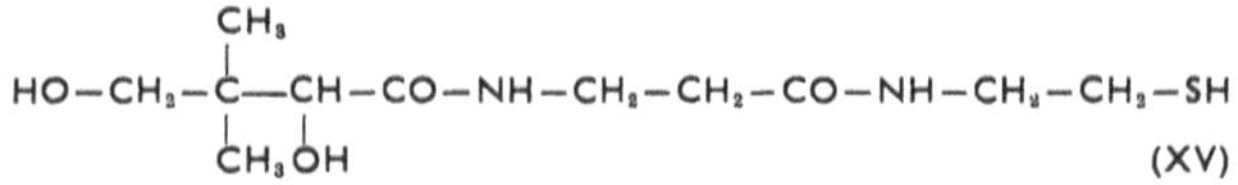

(XV)

Ersetzt man in der Pantothensäure die Pantoinsäure durch z. B. α,γ- und α,β-Dihydroxy-valeriansäure, α,γ-Dihydroxy-α-methyl-buttersäure oder α,γ-Dihydroxy-β-äthyl-β-methyl-buttersäure, so entstehen Heterovitamine, die nur noch einen Bruchteil der ursprünglichen Wirkstoffeigenschaften besitzen.

Der Ersatz des β-Alanins führt in jedem Falle zu Verbindungen mit spezifischer Antivitaminwirkung. So ist das *Pantoyl-taurin* (XVI) ein ausgesprochener Inhibitor für eine große Zahl von Bakterien, die Pantothensäure für ihr Wachstum benötigen.

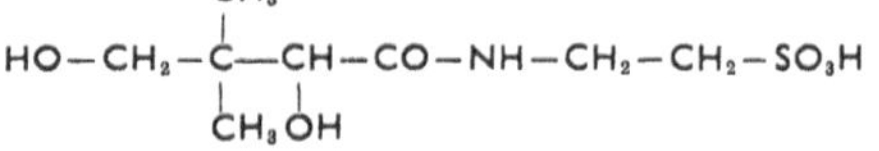

(XVI)

In Analogie zu den Sulfonamiden, den Antagonisten der p-Amino-benzoesäure, tritt hierbei eine *Konkurrenz-Hemmung* (*competitive inhibition*) auf, die auch die Antimalaria-Wirkung der Verbindungen vom Typ (XVIII) erklärt.

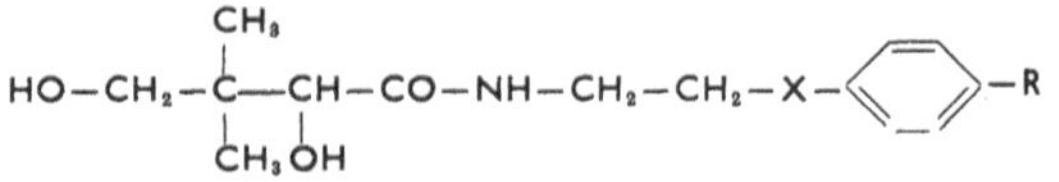

(XVII)

X = >S, >SO, >SO_2, >C=O   R = –H, –Cl

7. α-Liponsäure

7.1. *Vorkommen und Isolierung*

In den Jahren 1937—1948 wurde durch Snell u. a. beobachtet, daß für den Abbau der Brenztraubensäure im Organismus ein Faktor benötigt wird, der in Hefe- und Leberextrakten vorhanden ist.

Reed sowie Patterson, Brockmann jr. und Stokstad (Lederle-Arbeitsgruppe) isolierten 1951 aus 10 t Leberrückständen 30 mg einer kristallinen fettlöslichen Verbindung, die sauer reagierte und deshalb als *α-Liponsäure* bezeichnet wurde, im Gegensatz zur *β-Liponsäure*, einem später aufgefundenen, sauerstoffreicheren Derivat. Die natürlich vorkommende α-Liponsäure (*Thioct-säure*) ist optisch aktiv, sie dreht die Ebene des polarisierten Lichtes nach rechts ((+)-α-Liponsäure).

7.2. *Struktur und Synthese*

Die Struktur der α-Liponsäure wurde von 1951—1954 durch Reed sowie die Lederle-Arbeitsgruppe aufgeklärt.

Die beiden Schwefelatome, die sich aus der Summenformel $C_8H_{14}O_2S_2$ ergaben, konnten mit Raney-Nickel aus dem Molekül entfernt werden. Dabei entstand die Caprylsäure, woraus geschlossen werden konnte, daß auch der saure Charakter der α-Liponsäure ($P_k = 4{,}7$) auf eine freie Carboxylgruppe zurückzuführen ist. Da weder spektroskopisch noch durch Oxydationsversuche eine Methylgruppe nachweisbar war, stand für eine der beiden Schwefelfunktionen die ω-Stellung in der Carbonsäurekette fest. Offenbar lagen aber beide Schwefelatome im Molekül benachbart vor; denn sowohl die polarographische und UR-spektroskopische Untersuchung als auch die Röntgenstrukturanalyse wiesen auf ein cyclisches Disulfid hin, für das die drei Möglichkeiten (I), (II) und (III) bestanden. Die Synthese entschied zugunsten der Formel I.

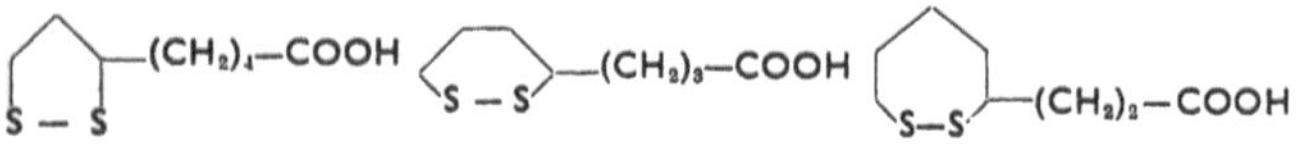

(I) (II) (III)

An Äthylen wird das Säurechlorid des Adipinsäurehalbesters (IV) addiert. Der entstehende 6-Oxo-8-chloroctansäureester (V) spaltet bei der Destillation HCl ab und bildet 6-Oxooctensäureester (VI), der durch HBr-Addition und anschließende Reduktion mit $NaBH_4$ in 6-Hydroxy-8-brom-octansäureester (VII) übergeht. Nach Ersatz der 6-ständigen Hydroxylgruppe durch Brom mit PBr_3 liegt ein 6,8-Di-brom-derivat (VIII) vor, das mit Na-Benzylmercaptid zu (IX) reagiert. Die Reduktion mit Natrium in flüssigem Ammoniak ergibt die 6,8-Dimercapto-caprylsäure (X), deren oxydative Dehydrierung mit Jod oder Sauerstoff in Gegenwart von Fe^{+++}-Ionen zur α-Liponsäure (I) führt.

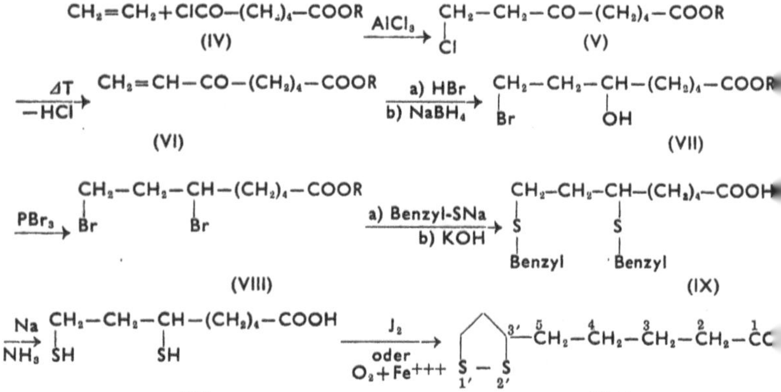

Damit war die Struktur der α-Liponsäure (I) als 5-(1′, 2′-Dithiolanyl-3′)-valeriansäure [= 6,8-Thioctansäure = 1,2-Dithia-3-(n-Carboxybutyl)-cyclopentan] bewiesen.

Diese Synthese kann auch technisch durchgeführt werden. Allerdings wird dann der ungesättigte Ketoester (VI) im Autoklaven mit Wasserstoff, Schwefel und Kobaltpolysulfid als Katalysator direkt in die 6,8-Dimercapto-caprylsäure (X) umgewandelt.

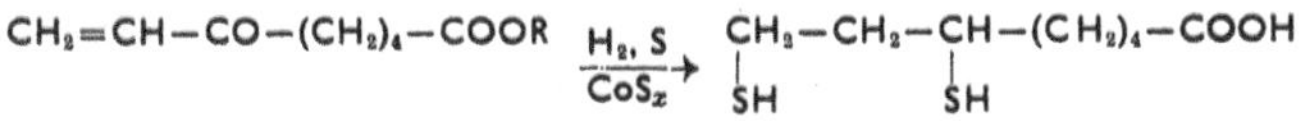

(VI) (X)

Das asymmetrische C-Atom 3′ bewirkt die optische Aktivität der α-Liponsäure. Die natürlich vorkommende (+)-α-Liponsäure (XI) $[\alpha]_D^{23} = +104°$ wurde synthetisiert, indem das Racemat der Vorstufe eines anderen Syntheseweges mit L-Ephedrin über die Diastereomeren getrennt und das rechtsdrehende Isomere über die (−)-Dihydro-α-liponsäure durch Oxydation in (XI) übergeführt wurde.

7.3. *Eigenschaften*

Bei der Fütterung von Versuchstieren mit dem Antagonisten der α-Liponsäure, der 8-Methyl-α-liponsäure (XII), treten zwar Mangelerscheinungen auf; da aber die α-Liponsäure in zahlreichen Nahrungsstoffen vorkommt, konnte bis jetzt keine eindeutige Avitaminose erzielt werden.

Jedoch ist die Mitwirkung der (+)-α-Liponsäure (XI) bei der enzymatischen oxydativen Decarboxylierung der Brenztraubensäure, gemeinsam mit Coenzym A, siehe Kap. 6.4., Formel (XIII), Cocarboxylase, siehe Kap. 2.4., Formel (XXVI) und DPN, siehe Kap. 4.3., Formel (X) bewiesen.

(XI) wirkt gleichzeitig als Acetyl-acceptor und Codehydrogenase und geht dabei in die S-Acetyl-dihydro-liponsäure (XIII) über.

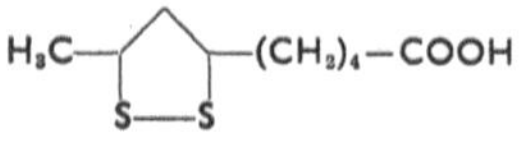

(XII)

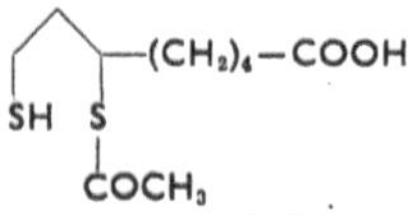

(XIII)

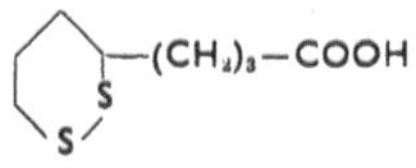

(XIV)

Ersetzt man die α-Liponsäure durch das Sechsring-Homologe, die 5,8-Thioctansäure s. o., (XIV), so geht die biologische Wirksamkeit verloren. Offensichtlich besitzt das fünfgliedrige cyclische Disulfid eine besonders hohe Ringspannung, die die leichte Aufspaltbarkeit des Systems bei biochemischen Reaktionen erklärt. Für die β-Liponsäure, die sehr leicht durch Oxydation aus der α-Liponsäure entsteht, ist die Struktur eines Sulfoxids gesichert, in dem der Sauerstoff an einem der beiden Schwefelatome oder dazwischen stehen kann.

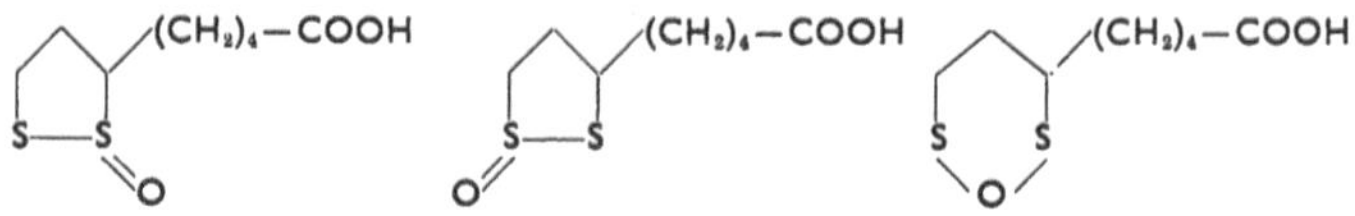

8. Biotin

8.1. Vorkommen und Isolierung

Die Hefe enthält einen Wirkstoff, der für das Wachstum unentbehrlich ist und deshalb als *Bios* bezeichnet wurde. Im Jahre 1922 konnte jedoch festgestellt werden, daß keine einheitliche Substanz vorlag, und die Trennung führte zu den verschiedenen Fraktionen (I), (II a) und (II b).

Kögl isolierte 1935 aus der Fraktion (IIb), die sich durch Adsorption an Aktivkohle gewinnen ließ, eine winzige Menge einer reinen Substanz, der er den Namen *Biotin* gab. Bald stellte es sich heraus, daß Biotin im Pflanzen- und Tierreich weit verbreitet ist, allerdings stets nur in sehr geringen Konzentrationen vorkommt.

So gewann Kögl 1935 aus 250 kg getrocknetem Eigelb von Enteneiern nach mühevoller Reinigung 1,1 g kristallinen Biotinmethylester, für den er die Summenformel $C_{11}H_{18}N_2O_3S$ angab. Auch dieses nicht aus Hefe gewonnene Biotin zeigte die gleichen Wuchsstoffeigenschaften; noch 1 mg bewirkt in 400000 *l* Nährlösung eine feststellbare Beschleunigung des Hefewachstums.

Du Vigneaud und Szent-György stellten 1940 die Identität des Biotins mit einem Faktor *H* fest, der von höheren Tieren und Menschen als Wirkstoff für die normale Funktion der Haut (= *Vitamin H*) benötigt wird.

Du Vigneaud gewann kristallines Biotin durch energische saure Hydrolyse aus roher Leber.

Die Vitamineigenschaften des Biotins können im Tierversuch bewiesen werden. Bei Ernährung mit Hühnereiweiß als einziger Aminosäure-Quelle bildet das *Avidin*, ein Kohlenhydrat enthaltendes Protein, mit dem im Organismus vorhandenen Biotin einen sehr stabilen und biologisch unwirksamen Komplex. Die daraus resultierenden Krankheitssymptome können durch Biotin wieder beseitigt werden.

Kögl nahm eine unterschiedliche Struktur des von ihm aus Eigelb isolierten Biotins (= *α-Biotin*) und des von du Vigneaud aus Leber gewonnenen Wirkstoffes (*β-Biotin*) an. Durch vergleichende mikrobiologische Untersuchungen beider Substanzen konnte 1948 vollständige Identität festgestellt werden. Die biochemische Funktion des Biotins als Wirkgruppe eines Enzyms der Transcarboxylierung klärte Lynen 1959 auf.

8.2. *Strukturaufklärung*

Die Erforschung der Struktur des Biotins ist das Verdienst der Arbeitskreise von KÖGL und DU VIGNEAUD.

Für alle Untersuchungen standen nur geringste Mengen des wertvollen Ausgangsmaterials zur Verfügung, so daß sehr oft spezielle mikroanalytische Verfahren neu entwickelt werden mußten. Die Arbeiten gingen aus von der Summenformel des Biotinmethylesters $C_{11}H_{18}N_2O_3S$ bzw. der daraus abgeleiteten Säure $C_{10}H_{16}N_2O_3S$.

Die Carboxylgruppe konnte durch Titration oder Veresterung eindeutig nachgewiesen werden, und die folgenden Untersuchungen sollten klären, in welcher Form die beiden Stickstoffatome und das Schwefelatom in der Verbindung $C_9H_{15}N_2OSCOOH$ vorliegen.

8.2.1. *Stickstoff-Funktion*

Der Nachweis primärer Aminogruppen mit salpetriger Säure nach VAN SLYKE verlief ebenso negativ wie die Methylimid-Bestimmung, die z. B. beim *Lumiflavin* (Kap. 3.2.1.) zum Nachweis einer $>N-CH_3$-Gruppe geführt hatte.

Erst die Behandlung des Biotins mit Bariumhydroxid bei höheren Temperaturen oder auch die energische Hydrolyse mit Salzsäure führten zu einer Spaltung des Moleküls. Ein C-Atom wurde als CO_2 aus der Verbindung gelöst, und es entstand die Diaminocarbonsäure $C_9H_{18}N_2O_2S$ (II), die mit Phosgen unter Abspaltung von zwei Molen Salzsäure wieder in Biotin (I) übergeführt werden konnte. Außerdem bildete die Diamino-carbonsäure mit Phenanthrenchinon ein Dihydro-chinoxalin (III), das unter Dehydrierung in das substituierte Chinoxalin (IV) überging und damit die 1,2-Stellung der beiden Aminogruppen bewies.

Damit war die Funktion der Stickstoffe als Bestandteile eines hydrierten Imidazolon-Ringes geklärt.

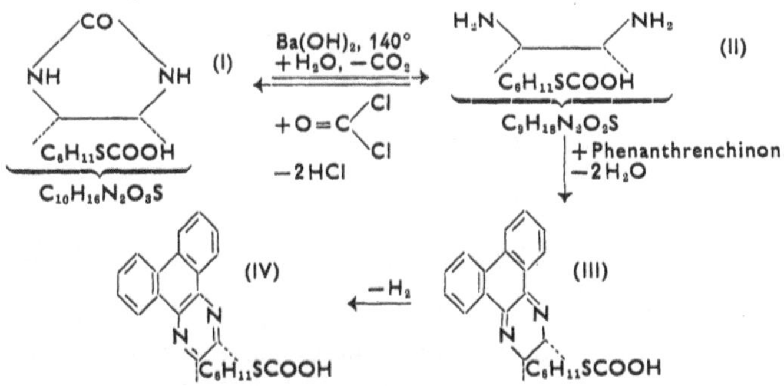

Unklar war jedoch noch die Struktur des Restes $C_6H_{11}SCOOH$. Einen Hinweis gab das UV-Spektrum des substituierten Chinoxalins (IV). Es zeigte große Ähnlichkeit mit dem bereits bekannten Chinoxalin des 3,4-Diamino-thiophans.

8.2.2. Schwefel-Funktion

Sollte der Schwefel in der Verbindung (V) Bestandteil eines hydrierten Thiophenringes sein, so lag die Struktur einer δ-(Diamino-thiophanyl)-valeriansäure (V) nahe. Tatsächlich konnte sie durch erschöpfende Methylierung mit Dimethylsulfat in die δ-(α-Thienyl)-valeriansäure (VI) übergeführt werden, deren Konstitution durch eine unabhängige Synthese und den Vergleich der Spektren und aller physikalischen Konstanten gesichert wurde.

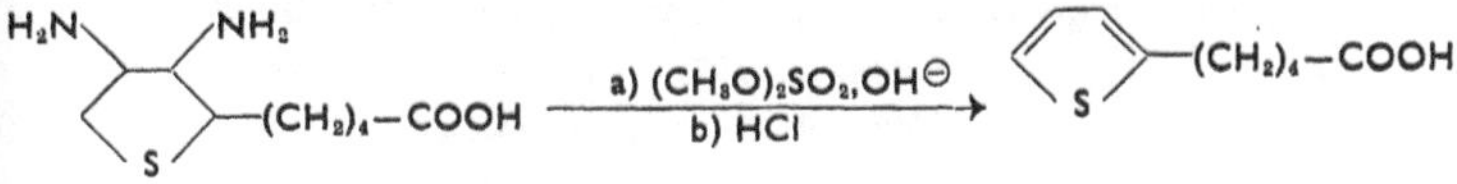

(V) ($C_9H_{18}O_2N_2S$) (VI)

Die normale, unverzweigte Anordnung der Seitenkette konnte auch daraus geschlossen werden, daß bei der Behandlung der Verbindung (V) mit konzentrierter Salpetersäure oder mit Kaliumpermanganat unter anderen Oxydationsprodukten die Adipinsäure entstand.

8.2.3. Andere Abbau-Reaktionen

Durch Kombination des Molekülteiles, in dem der Stickstoff als Bestandteil eines hydrierten Imidazolon-Ringes vorliegt, mit der substituierten Thiophanylvaleriansäure, die den Schwefel liefert, ließ sich außer vier anderen Strukturen auch die folgende Biotin-Formel (I) aufstellen, die der Summenformel entsprach und die Konstitution des Biotins als 2′-Keto-3,4-imidazolin-2-tetrahydro-thiophen-n-valeriansäure angab.

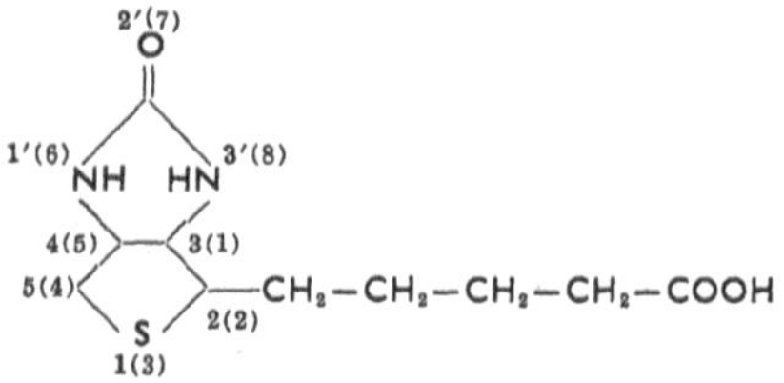

(I)

Als Bicyclus mit Heteroatomen kann das Biotin (I) nach der BAYER-Nomenklatur (Numerierung in Klammern) eindeutiger als δ-(6,8-Diaza-3-thia-7-oxo-bicyclo-[0.3.3]-octan(2)yl)-valeriansäure bezeichnet werden. Zahlreiche andere Abbau-Reaktionen bewiesen die Richtigkeit dieser Biotinformel.

So läßt sich das Schema der Biotinspaltung mit Säure oder $Ba(OH)_2$ auf das durch Oxydation erhältliche Biotinsulfon (VII) und dessen analogen Säureabbau erweitern. Auch hier ist mit Phosgen die Rückreaktion zum Biotinsulfon möglich.

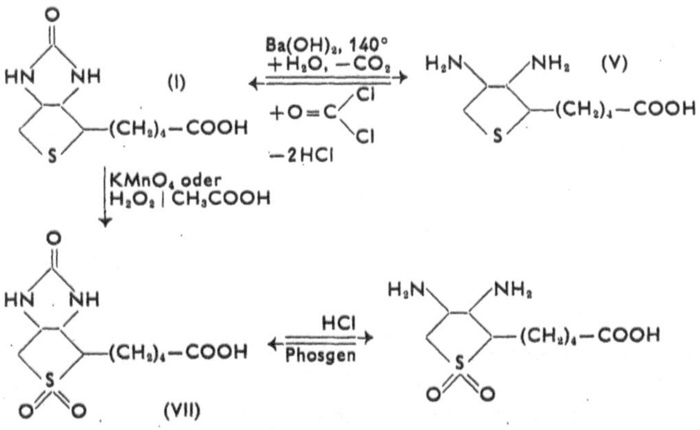

Die reduktive Spaltung des Biotins in Form seines Methylesters (VIII) nach MOZINGO mit RANEY-Nickel im Überschuß führt unter Aufsprengung des Thiophan-Ringes zu dem schwefelfreien Desthiobiotinmethylester (IX), dessen Dihydro-imidazolonring ebenfalls mit Salzsäure oder $Ba(OH)_2$ geöffnet wird, wie dies beim Biotin bzw. Biotinsulfon schon analog formuliert wurde.

Dabei entsteht die ξ,η-Diaminopelargonsäure (X), deren Struktur durch eine unabhängige Synthese und den Vergleich aller physikalischen Daten gesichert ist. Als 1,2-Diamino-Verbindung bildet sie ein Chinoxalin-

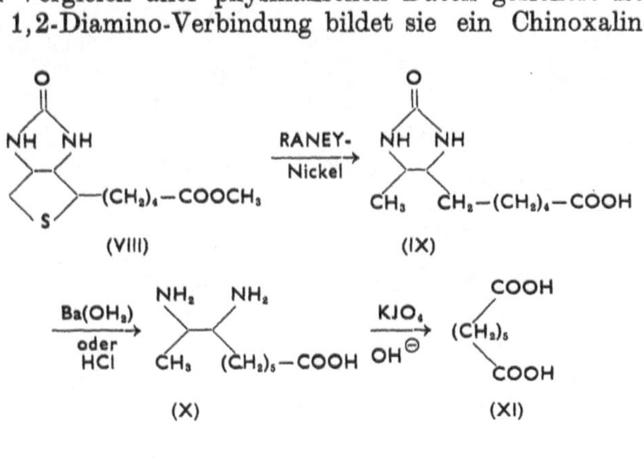

derivat, und da sie mit KJO_4 in alkalischem Milieu zur Pimelinsäure (XI) abgebaut werden kann, ist auch die unverzweigte Anordnung der Seitenkette bewiesen.

8.2.4. Stereochemie

Allerdings gibt die durch zahlreiche Abbau-Reaktionen bewiesene Strukturformel des Biotins (Kap. 8.2.3., Formel (I)) noch nicht alle Eigenschaften des Moleküls wieder. Die drei Kohlenstoffatome in den Stellungen 4, 7 und 8 sind asymmetrisch, so daß $2^3 = 8$ Stereoisomere, d. h. 4 Racemate zu erwarten sind.

Zwei Racemate, das *D,L-Biotin* und das *D,L-Epibiotin*, haben die cis-Stellung des Imidazolon- und des Thiophanringes gemeinsam, unterscheiden sich aber durch die räumliche Anordnung des Restes $-(CH_2)_4-COOH$ am C-Atom 2.

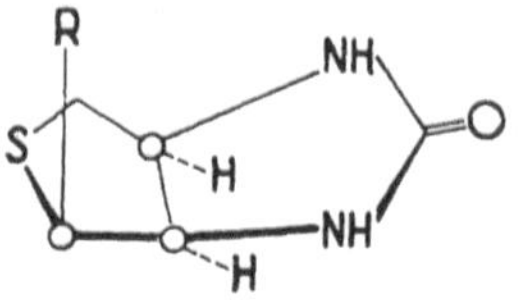

D,L-Biotin

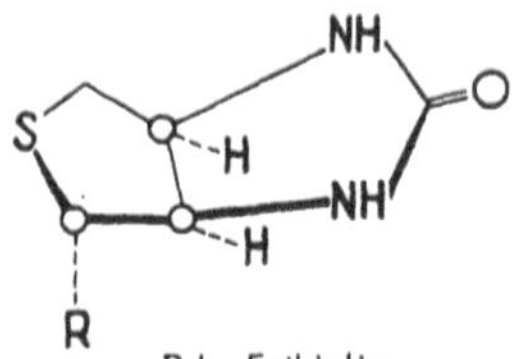

D,L-Epibiotin

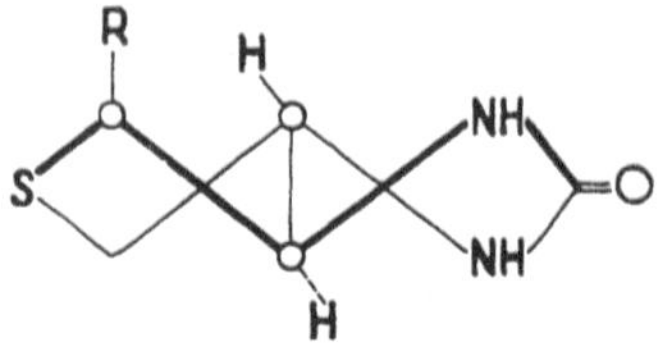

D,L-Allobiotin

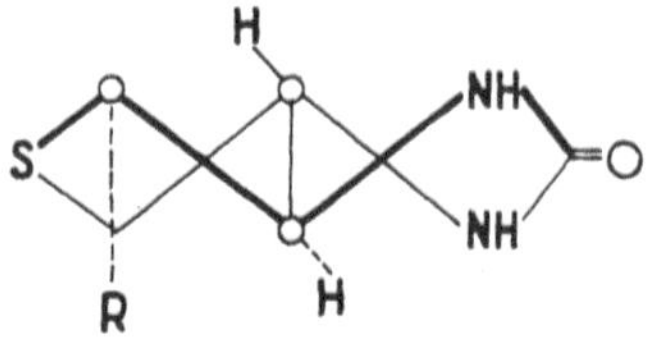

D,L-Epiallobiotin

Die beiden anderen Racemate, das *D,L-Allobiotin* und das *D,L-Epiallobiotin*, haben die trans-Ständigkeit der Ringe gemeinsam, unterscheiden sich wieder durch die

Stellung des Restes $-(CH_2)_4-COOH$ im Raum und sind biologisch unwirksam (HARRIS, 1945).

Die natürlich vorkommende und biologisch aktive Form ist das D(+)-Biotin. Da das L(−)-Biotin unwirksam ist, zeigen die bei einigen Synthesen anfallenden D, L-Biotin-Racemate nur 50% Wirkung und werden deshalb getrennt.

8.3. *Synthese*

HARRIS entwickelte in den Jahren 1943—45 die erste Synthese des Biotins, die wegen der vielen und zum Teil mit schlechten Ausbeuten verbundenen Reaktionsstufen keiner technischen Anwendung zugeführt werden konnte. Ihr Wert besteht darin, daß damit die durch Abbaureaktionen geklärte Struktur des Biotins endgültig bewiesen wurde.

HARRIS stellte die δ-(3,4-Diamino-thiophanyl-2)-n-valeriansäure (V) dar, die auch bei der Spaltung des Biotins mit $Ba(OH)_2$ bei 140° erhalten worden war (Kap. 8.2.3.) und führte sie mit Phosgen in D, L-Biotin über.

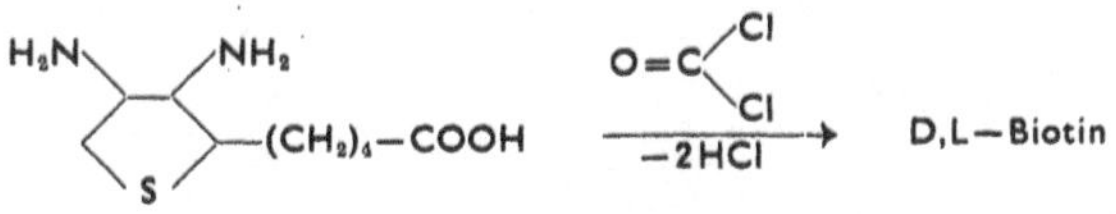

V

Zahlreiche andere Forscher versuchten in den folgenden Jahren, die schwierige Synthese der Thiophankomponente (V) zu vereinfachen, hatten aber trotz größten präparativen Aufwandes nur wenig Erfolg.

Erst GOLDBERG und STERNBACH, die einen völlig anderen Syntheseweg benutzten, kamen 1949 zum Ziel. Sie verzichteten darauf, primär den Thiophan-Ring zu synthetisieren und dann über die beiden benachbarten Aminogruppen den zweiten Ring zu schließen. Statt dessen gingen sie vom Anhydrid einer Imidazolidon-dicarbonsäure aus, das die cis-Struktur garantierte und spätere Trennung der Isomeren ersparte.

Das Ausgangsprodukt der Synthese ist die Fumarsäure (XII), die durch Brom-Addition in die meso-Dibrombernsteinsäure (XIII) umgewandelt wird, aus der man mit Ammoniak das Diamin (XIV) und mit Phosgen die Imidazolidon-dicarbonsäure (XV) erhalten konnte. Da aber die Wasserstoffe der —NH-Gruppen im weiteren Reaktionsverlauf stören würden, tritt Benzylamin an die Stelle des Ammoniaks, und es entsteht das N,N'-Dibenzylderivat der Imidazolidon-dicarbonsäure.

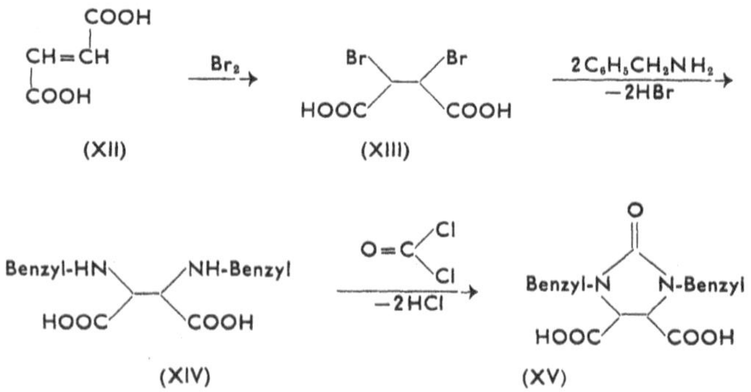

Es läßt sich in das Anhydrid (XVI) überführen, dessen eine Carbonylgruppe mit Zink in Eisessig/Essigsäureanhydrid reduziert und gleichzeitig zu (XVII) acetyliert wird.

Durch Behandlung mit H_2S in saurer Lösung bei —20°, Entfernung der Salzsäure, Einwirkung von KSH in alkoholischer Kalilauge und anschließende Reduktion mit Zinkstaub in Essigsäure wird in einem Schritt in einer auch technisch durchführbaren Reaktion der Sauerstoff im Ring durch Schwefel ersetzt und gleichzeitig die Acetoxy-Gruppe in die Methylengruppe umgewandelt.

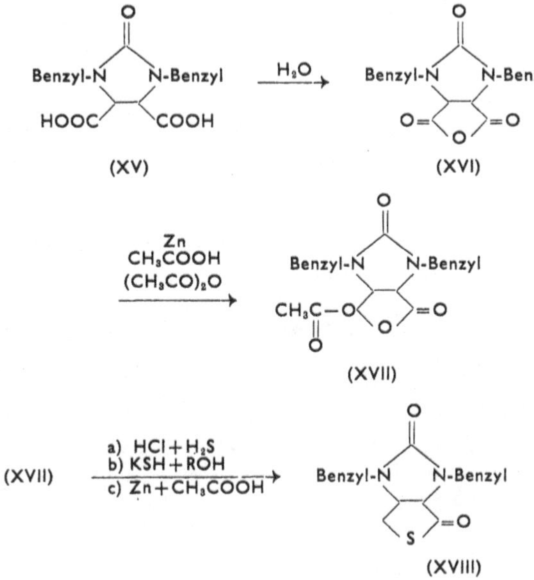

Mit Hilfe der im Thiophanring verbliebenen Carbonylgruppe läßt sich jetzt die Seitenkette ins Molekül einführen. Die Reaktion von (XVIII) mit der GRIGNARD-Verbindung des 3-Äthoxy-n-propyl-bromids führt nach

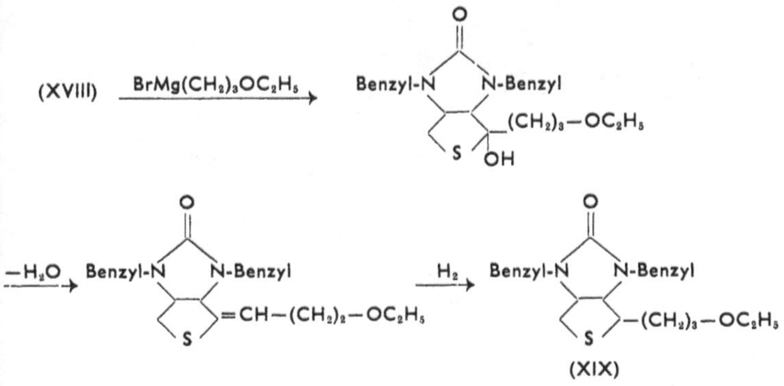

der Dehydratisierung und Hydrierung zum 3,4-(1',3'-Dibenzyl-2'-keto-imidazolido)-2-(ω-äthoxy-propyl)thiophan (XIX).

Die Ätherspaltung mit HBr führt zum Bromid (XX), das ein intramolekulares Oniumsalz, das 1,2-Trimethylenthiophaniumbromid (XXI), bildet. Da während der letzten Reaktionsschritte aus dem Kohlenstoff-Atom der Carbonylgruppe ein neues Asymmetriezentrum entstanden ist, muß sich eine Racemattrennung anschließen. Über das D-Camphersulfonat wird das dem D(+)-Biotin entsprechende Isomere abgetrennt.

Die Verlängerung der Seitenkette um das noch fehlende Kohlenstoffatom geschieht über eine Malonestersynthese und anschließende Spaltung des Dicarbonsäureesters (XXII) mit Bromwasserstoffsäure. Dabei entsteht unter gleichzeitiger Verseifung, Decarboxylierung und Abspaltung der im Imidazolidinring befindlichen Benzylreste das D(+)-Biotin.

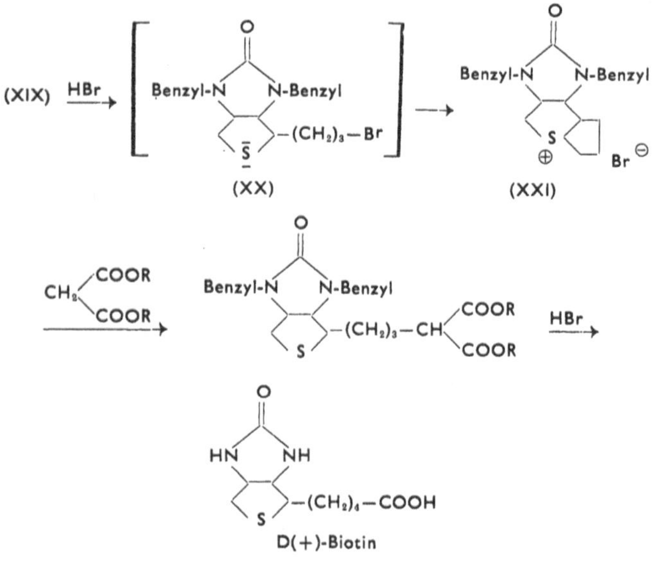

8.4. *Eigenschaften*

Vom Biotin lassen sich zahlreiche Verbindungen ableiten, die entweder verminderte Wirkstoffeigenschaften haben oder sogar Antimetaboliten sind, d. h., sie hemmen die Funktionen eines unentbehrlichen Stoffwechselproduktes, in diesem Falle des Biotins.

Durch isoelektronischen Ersatz des Schwefels im Biotin durch Sauerstoff entsteht das *O-Heterobiotin* (*Oxybiotin*) (XXIII), das gegenüber Hefe nur noch 30—50% der Wirksamkeit des Biotins aufweist. Wird das Thiophansystem des Biotins durch einen aromatischen Sechsring ersetzt, so entsteht ein Antagonist des Biotins, der in der Lage ist, die Wirkstoffeigenschaften des Biotins vollständig aufzuheben (XXIV).

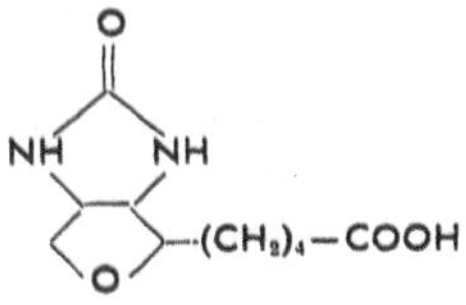

(XXIII)

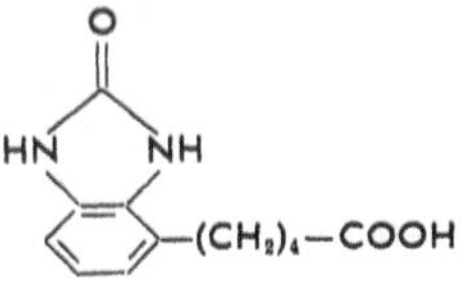

(XXIV)

Das aus Biotin durch Oxydation leicht darstellbare Sulfon besitzt nur noch ca. $^1/_{1000}$ der Wirksamkeit des Biotins.

In der Hefe findet sich ein einfaches Derivat des Biotins, das *Biocytin*, das durch Peptidbildung der Carboxylgruppe des Biotins mit der ε-Aminogruppe des *L-Lysins* entsteht.

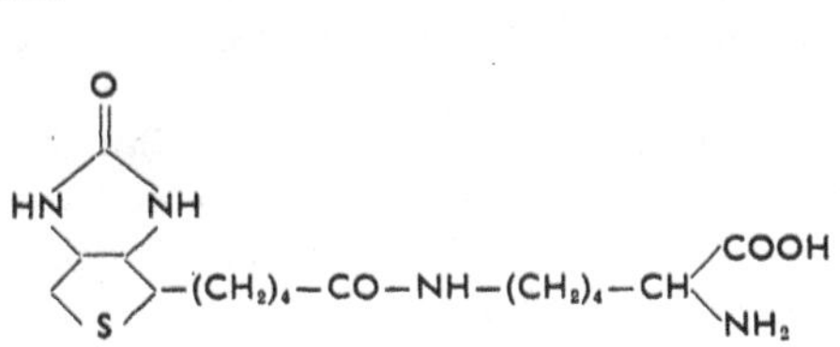

(XXV)

9. Inosit

9.1. Vorkommen und Isolierung

1901 wurde festgestellt, daß in Alkohol/Wasser-Extrakten gekochter Hefezellen Substanzen enthalten sind, die das Hefewachstum fördern. Damit war eine Behauptung von Liebig (1871) bewiesen, daß Mikro-Organismen bestimmte Wirkstoffe als Wachstumsfaktoren benötigen. Der Extrakt (= *BIOS*) konnte in die Fraktionen I und II aufgetrennt werden. Seit 1923 wurden in *BIOS II* die Vitamine Thiamin (s. Kap. 2. 1.), Pantothensäure (s. Kap. 6.1.) und Biotin (s. Kap. 8.1.) nachgewiesen. Aus *BIOS I* wurde 1928 ein Wirkstoff isoliert, der sich als identisch mit dem bereits bekannten Molekül des *Meso-Inosit* erwies.

Inosit ist am Aufbau zahlreicher tierischer (Gehirn, Leber) und pflanzlicher Phosphatide beteiligt.

In Pflanzen findet sich das Hexaphosphat des Inosits, die *Phytinsäure*, die als saures Salz (Ca, Mg, Na, K) = *Phytin* aus den Schwemmwässern der Stärkefabrikation gewonnen wird und zu Inosit aufgearbeitet werden kann (ca. 50 g Inosit aus 1 kg 70%igem Phytin). Neben seiner Funktion als unentbehrlicher Wuchsstoff für Mikro-Organismen beseitigt Inosit auch definierte Mangelsymptome bei Nagetieren, so daß seine Einordnung als Vitamin berechtigt erscheint. Ein ungewöhnlich hoher Bedarf spricht allerdings gegen eine lediglich katalytische Funktion des Vitamins im Organismus und wird dadurch erklärt, daß Inosit ein Baustoff fast aller tierischen Gewebe ist.

Eine scharfe Abgrenzung zwischen den Baustoff- und Wirkstoffeigenschaften ist hier ebenso schwierig wie beim *Cholin*, das als Bauelement der Phosphatide im Tierkörper eine wichtige Rolle spielt.

9. 2. Struktur und Synthese

Meso-Inosit, laut IUPAC-Beschluß international als *Myo-Inosit* bezeichnet, ist eines der acht möglichen cis-trans–Isomeren vom 1,2,3,4,5,6–Hexahydroxy-cyclohexan, dessen sterische Zuordnung von POSTERNAK (1942) durchgeführt wurde.

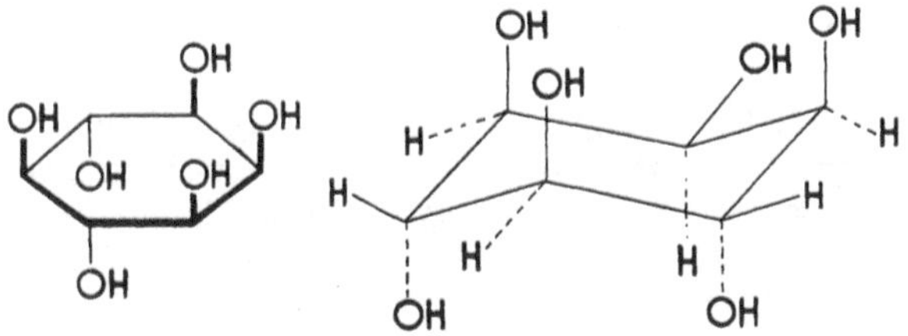

Ein Isomeres ist auf Grund seines asymmetrischen Molekülbaues in optische Antipoden, D- und L-Inosit (= D- und L-Cyclit), spaltbar. Bis auf zwei Isomere sind alle Vertreter dieser Reihe bekannt.

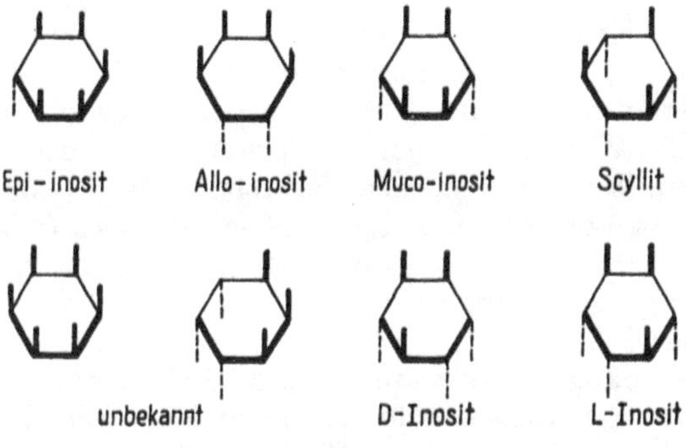

Myo-Inosit kann aus D-Glucose synthetisiert werden; allerdings spielt dieses Verfahren wegen der zahlreichen natürlichen Vorkommen keine Rolle.

D-Glucose wird in drei Stufen in 6-Nitro-6-desoxyglucose übergeführt, die durch Ringschluß, Reduktion und VAN SLYKE-Reaktion in Myo-Inosit verwandelt wird.

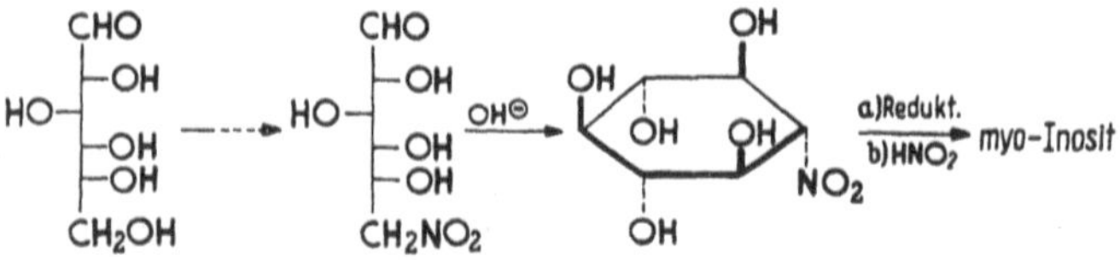

Biologische Antagonisten des Myo-Inosit sind seine im Organismus nicht spaltbaren Penta- und Hexamethyläther sowie das γ-Hexachlorcyclohexan (Gammexan).

10. Folsäure und p-Amino-benzoesäure

10.1. Vorkommen und Isolierung

Aus Leber, Hefe, Spinat und verschiedenen Gärungssäften wurden in den Jahren 1938—1951 Substanzen gewonnen, die Wuchsstoffeigenschaften für zahlreiche Bakterien und einige Tiere sowie eine gewisse antianämische Wirkung bei höheren Tieren und dem Menschen zeigten. Wegen der starken Verbreitung im Pflanzenreich und dem Vorkommen in allen grünen Blättern (*folium* = Blatt) erhielt die im Jahre 1944 aus Spinat kristallin isolierte, gelbe fluoreszierende Substanz den Namen *Folsäure*.

Die anfängliche Annahme, daß die Folsäure den wesentlichen antianämischen Faktor beim Menschen darstellt, konnte auf Grund der hohen benötigten Tagesdosen (10—20 mg) nicht aufrechterhalten werden. Der im Organismus vorhandene tatsächliche anti-anämische Wirkstoff, das Vitamin B_{12} (s. Kap. 11.), wird bei Anwesenheit genügender Mengen Folsäure restlos ausgenutzt. Bei Abwesenheit von Vitamin B_{12} zeigt die Folsäure keinerlei anti-anämische Wirkung mehr.

Die Untersuchungen der verschiedenen Faktoren der Folsäuregruppe (*Folsäure*, *Rhizopterin*, *Leucovorin*, s. Kap. 10.2.) ergaben, daß stets *p-Amino-benzoesäure* am Aufbau des Moleküls beteiligt ist.

Die p-Amino-benzoesäure ist auch in freier Form ein äußerst wirksamer Wachstumsfaktor für Bakterien und Pilze. Noch in Konzentrationen von $1:10^{11}$ bewirkt sie ein optimales Wachstum der Mikro-Organismen.

Die antibakterielle Wirksamkeit der Sulfonamide (z. B. Sulfanilamid) beruht darauf, daß die p-Amino-benzoesäure als unentbehrliches Stoffwechselprodukt (*Bakterien-vitamin*) durch die ähnlich gebauten Sulfonamidmoleküle verdrängt wird (*competitive inhibition*), ohne daß diese die Wuchsstoff-Funktionen übernehmen können.

Diese von Woods und Fildes (1939/40) beobachtete Wechselwirkung ist das klassische Beispiel für einen *Wuchsstoff-Hemmstoff-Antagonismus*.

Die p-Amino-benzoesäure ist demnach in freier Form ein Vitamin für Mikro-Organismen, in gebundener Form als Folsäure ein Vitamin für Tier und Mensch, so daß p-Amino-benzoesäure und Folsäure nur verschiedene Zustandsformen des gleichen biologischen Wirkstoffes darstellen.

10.2. Struktur

Die Strukturaufklärung der Folsäure (*Folic acid*) wurde 1945/46 von Stokstad und Angier durchgeführt. Im Molekül des Wirkstoffes konnten einige funktionelle Gruppen nachgewiesen werden. Eine Carboxylgruppe wurde durch Titration und Veresterung bestimmt. Da sich bei der Reaktion mit salpetriger Säure Stickstoff abspaltet und das entstehende Produkt keine Vitamineigenschaften mehr zeigte, mußte eine Aminogruppe in der Folsäure vorhanden sein. Schließlich wurde die Hydroxylfunktion durch Verätherung mit $CH_3OH/H^{\oplus}$ bzw. Veresterung mit Benzoylchlorid festgestellt.

Die Oxydation der Folsäure mit $KMnO_4$ führte zu einer fluoreszierenden Säure (I), die durch Esterbildung charakterisiert und durch Oxydation unter schärferen Bedingungen bis zum Guanidin (II) abgebaut werden konnte.

Dies wies auf ein 2-Amino-pyrimidin-Gerüst (III) hin. Die Ähnlichkeit der UR-Spektren von I mit denen bekannter Pteridinderivate (260 und 360 mμ) ließ auf das Grundgerüst (IV) schließen.

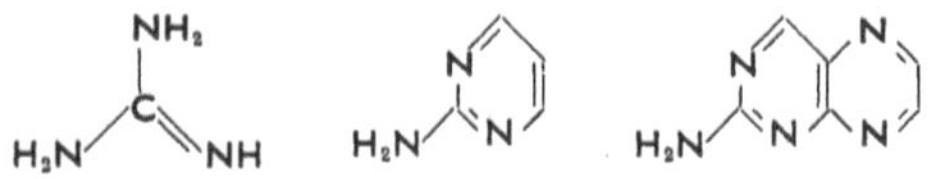

(II) (III) (IV)

Erhitzte man die Säure (I) auf 300°, so entstand unter CO_2-Abspaltung 2-Amino-4-hydroxy-pteridin (V), dessen Synthese TRAUBE schon 1904 bei der Identifizierung des von ihm dargestellten 2,5,6-Triamino-4-hydroxy-pyrimidins (VI) durch Kondensation mit Glyoxal durchgeführt hatte.

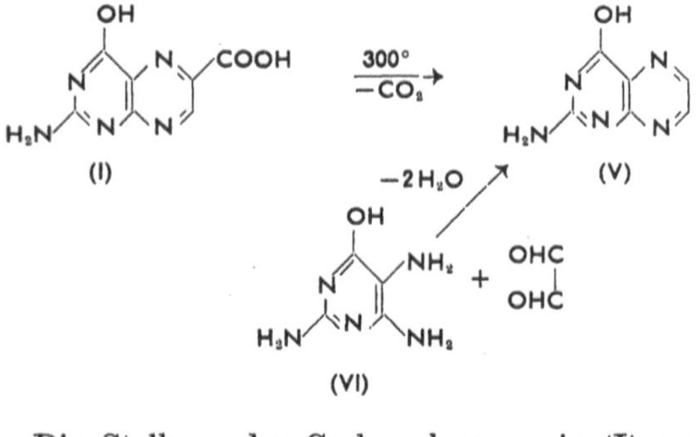

(I) (V) (VI)

Die Stellung der Carboxylgruppe in (I) wurde durch eine unabhängige Synthese bewiesen, so daß für (I) die

Struktur einer 2-Amino-4-hydroxy-pteridin-6-carbonsäure feststand.

Abkömmlinge des Pteridins waren schon früher in der Natur aufgefunden worden. H. Wieland, Schöpf und Purrmann identifizierten die Flügelpigmente des Kohlweißlings und des Zitronenfalters als 2-Amino-4,6,7-trihydroxy-pteridin, *Leukopterin*, (VII) bzw. 2-Amino-4,6-dihydroxy-pteridin, *Xanthopterin*, (VIII).

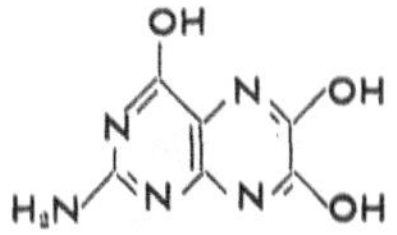

(VII)

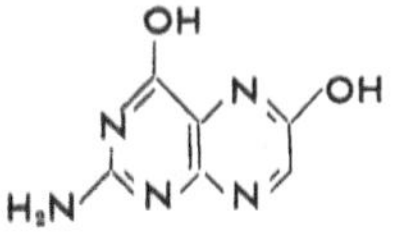

(VIII)

Als Nebenprodukt des oxydativen Abbaus entstand das 2-Amino-4-hydroxy-6-methyl-pteridin (IX). Die Einwirkung von UV-Licht ergab den gleichen Grundkörper, der aber in 6-Stellung eine Aldehyd- (X) bzw. Carboxylgruppe trug. Aus diesen Reaktionsprodukten konnte geschlossen werden, daß die Verknüpfung des Pteridingerüstes in der Folsäure mit dem Rest des Moleküls in 6-Stellung, wahrscheinlich über eine Methylenbrücke, erfolgt.

Die alkalische Spaltung der Folsäure in Gegenwart von Sauerstoff ergab außer der *p-Amino*-benzoesäure (XI), deren Beteiligung am Folsäuremolekül aus den in Kap. 10.1. genannten Gründen zu erwarten war, auch L-Pyrrolidon-carbonsäure(2) (XII), die aus *L-Glutaminsäure* (XIII) entstanden sein konnte.

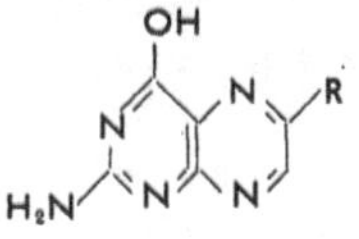

(IX): R = $-CH_3$

(X): R = $-CHO$

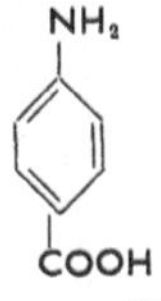

(XI)

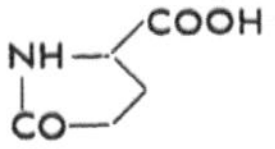

(XII)

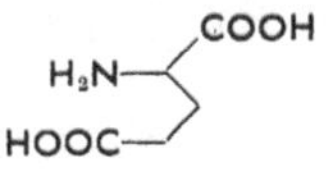

(XIII)

Da durch Modellversuche festgestellt wurde, daß eine $-CH_2-NH$-Bindung tatsächlich nur durch alkalische oxydative Hydrolyse gesprengt wird, konnte angenommen werden, daß in der Folsäure (XIV) die p-Amino-benzoesäure am Stickstoff über eine Methylengruppe mit der 6-Stellung des Pteridin-Gerüstes und an der Carboxylgruppe peptidartig mit der Aminogruppe der Glutaminsäure verbunden ist.

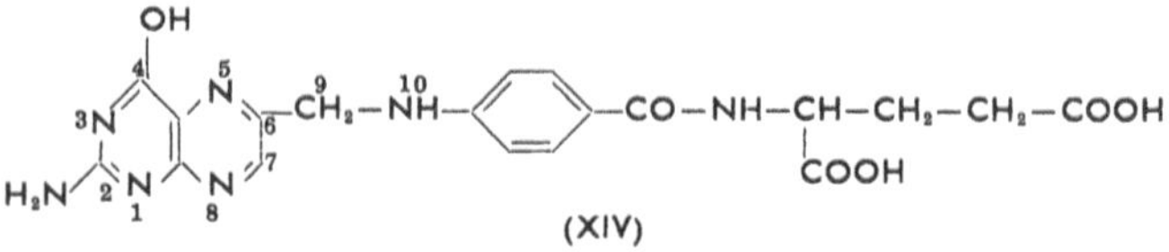

(XIV)

Wie wenig später durchgeführte Synthesen (s. Kap. 10.3.) bewiesen, ist die Folsäure tatsächlich eine Kombination aus Pteridinkomponente, p-Amino-benzoesäure und Glutaminsäure. Da die Verbindung (XV) den Namen *Pteroinsäure* erhielt und die aus Naturprodukten isolierte Folsäure meist mit einigen anderen biochemisch aktiven Faktoren verunreinigt war, wird das reine Vitamin besser als *Pteroyl-glutamin-säure* = {[(2-Amino-4-hydroxy-6-pteridyl)-methyl]-p-amino-benzoyl}-L(+)-glutamin-säure (XIV) bezeichnet.

Es existieren allerdings auch *Konjugate*, die einen, zwei oder sechs weitere Glutaminsäurereste enthalten, die peptidartig mit der γ-Carboxylgruppe der Pteroyl-glutaminsäure verknüpft sind.

Ein anderer, in der Natur vorkommender Wachstumsfaktor ist das von WOLF (1947) in seiner Struktur als *N-Formyl-pteroinsäure* aufgeklärte *Rhizopterin* (XVI).

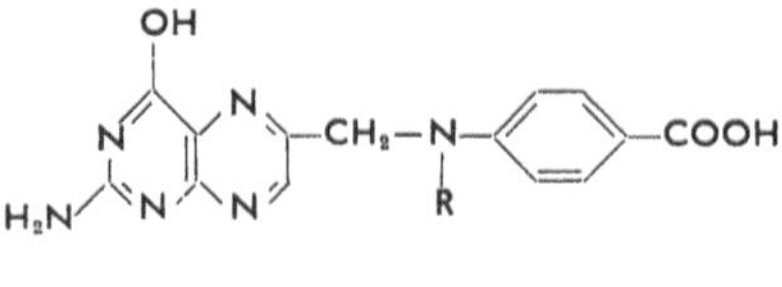

(XV): R = –H
(XVI): R = –CHO

Die Wirkform der Pteroylglutaminsäure (PGS) im Organismus ist die von BROCKMANN und WEYGAND (1950) identifizierte und synthetisierte 5-Formyl-5,6,7,8-tetrahydro-pteroyl-glutaminsäure, (VII), (*Citrovorin*, *Leucovorin*, *folinic acid*), die bei der Übertragung der Einkohlenstoffeinheit im Organismus, d. h. bei Transmethylierungen, Transformylierungen, Transhydroxymethylierungen usw. im Mittelpunkt steht.

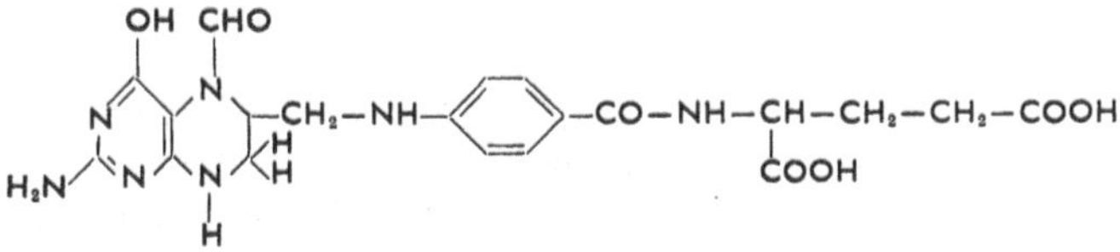

(XVII)

Citrovorin bildet in verdünnter Salzsäure ein Imidazoliniumsalz (XVIII), das unter Dehydrierung und Wanderung des Formylrestes leicht in 10-Formyl-folsäure (XIX) übergeht. (XIX) kann in der Leber sowohl aus Pteroylglutaminsäure (XIV) als auch aus Rhizopterin

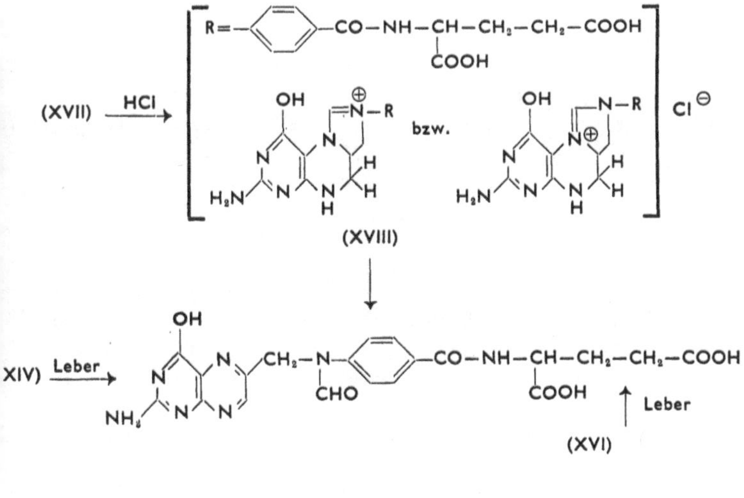

(XVI) entstehen und stellt ein wichtiges Zwischenglied für die biochemischen Reaktionen der PGS (XIV) und ihrer Derivate dar.

10.3. Synthese

Die erste Synthese der Pteroylglutaminsäure, die gleichzeitig den endgültigen Beweis für die Richtigkeit der Strukturaufklärung lieferte, führten 1945 ANGIER und Mitarbeiter (LEDERLE-Arbeitsgruppe) durch.

Sie setzten 2,4,5-Triamino-6-hydroxy-pyrimidin (XX), das nach TRAUBE aus Guanidin und Cyanessigester zugänglich ist, mit α,β-Dibrom-propionaldehyd (XXI) und gleichzeitig mit N(p-Amino-benzoyl)-L-glutaminsäure (XXII) um. Das dabei entstehende hydrierte Pteridinderivat (XXIII) wird durch Oxydation bzw. Dehydrierung in die Pteroyl-glutaminsäure (XIV) übergeführt.

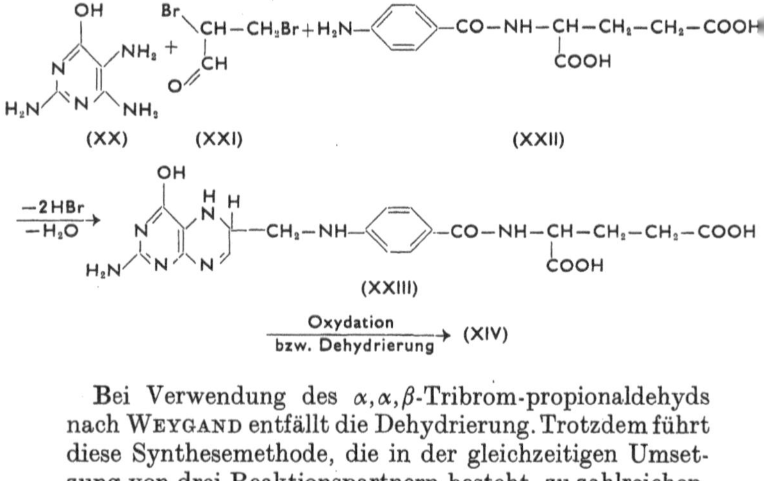

Bei Verwendung des α,α,β-Tribrom-propionaldehyds nach WEYGAND entfällt die Dehydrierung. Trotzdem führt diese Synthesemethode, die in der gleichzeitigen Umsetzung von drei Reaktionspartnern besteht, zu zahlreichen, biologisch inaktiven Nebenprodukten, so daß die Ausbeute an reiner Pteroylglutaminsäure 15% nicht übersteigt.

Durch Variation der reaktionsfähigen Dreikohlenstoff-Komponente (XXI) (1,1,3-Tribromaceton, Dihydroxyaceton, 1,3-Dibromaceton usw.) sowie durch andere Synthesewege konnten seit 1947 HULTQUIST, FORREST-WALKER, KARRER, WEYGAND, SATO, WEISBLAT u. a. die Ausbeuten auf 50—60% steigern.

10.4. *Eigenschaften*

Um die biochemische Wirksamkeit der Pteroylglutaminsäure zu erhalten, dürfen an den Stickstoffen in Stellung 5 und 10 sowie am Glutaminsäurerest keine Veränderungen vorgenommen werden. Die *Pteroylasparaginsäure* ist bereits ein Antagonist, ebenso wie das *Methopterin* (XXIII), das *Aminopterin* (XXIV), das *A-Methopterin* (XXV) sowie Verbindungen vom Typ (XXVI).

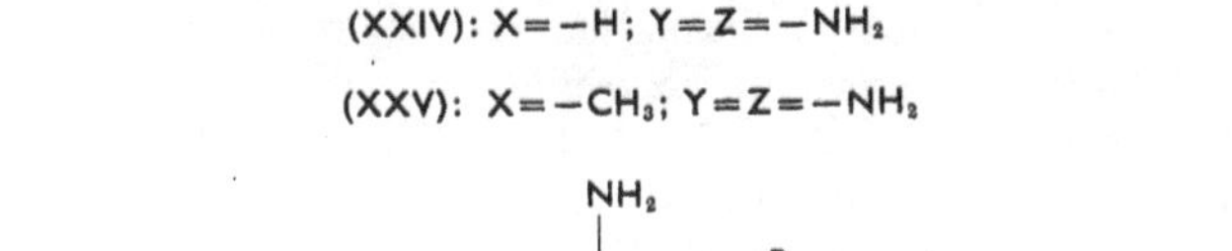

(XXIII): X = $-CH_3$; Y = $-OH$; Z = $-NH_2$

(XXIV): X = $-H$; Y = Z = $-NH_2$

(XXV): X = $-CH_3$; Y = Z = $-NH_2$

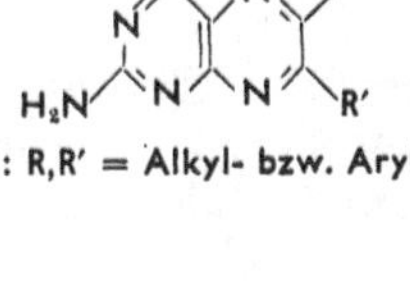

(XXVI): R,R' = Alkyl- bzw. Aryl-Rest

11. Vitamin B_{12}

11.1 Vorkommen und Isolierung

MINOT und MURPHY fanden 1926, daß Leber eine deutliche Heilwirkung bei *perniciöser Anämie* zeigt. Der tägliche Genuß von ca. 500 g roher bzw. schwach gekochter Leber führte bei den Patienten zu einer deutlichen Besserung des Krankheitsbildes.

Seit 1929 wurden zahlreiche Versuche durchgeführt, den *Anti-pernicious-anaemia-faktor* (APAF, *extrinsic factor*) zu isolieren. Wegen des sehr geringen Gehalts an APAF in Leber, der nach neueren Untersuchungen bei 0,376—1,25 g pro Tonne Leber, d. h. unter einem Promille liegt, und der Tatsache, daß keine chemischen Gehaltsbestimmungen der Konzentrate möglich waren, scheiterten zwei Jahrzehnte lang alle derartigen Bemühungen.

Während des zweiten Weltkrieges wurden bei Hühnern und Schweinen infolge einseitiger pflanzlicher Ernährung Störungen beobachtet, die durch das Fehlen des tierischen Eiweißfaktors (*animal protein factor*, APF) erklärt wurden.

Die Symptome schwanden bei Zugabe von Extrakten, die aus Tier- und Fischabfällen und sogar aus Kuhdung und anderen tierischen Exkrementen gewinnbar waren. Daraus wurde geschlossen, daß der Wirkstoff APF beim bakteriellen Abbau organischer Materie durch Mikro-Organismen erzeugt wird. Bald erwies sich, daß in den Fermentationsrückständen der Streptomycin bzw. Aureomycin erzeugenden Pilze (*Streptomyces griseus* bzw. *aureofaciens*) gute Quellen zur Gewinnung von APF zur Verfügung standen, und schließlich konnte durch wechselseitige Anwendung von APAF und APF bei perniciöser Anämie bzw. durch APF-Mangel bedingten Wachstumsstörungen die Identität der beiden Faktoren bewiesen werden.

Auch eine Methode zur Bestimmung des Gehaltes an Wirkstoff in einem Konzentrat wurde gefunden. Bei *Lactobacillus lactis Dorner* können noch 0,005 μg des Wirkstoffes an einer deutlichen Wachstumssteigerung erkannt werden.

Die Isolierung des reinen Vitamins gelang nach vielen vergeblichen Versuchen, die stets nur zu einer Anreicherung geführt hatten, im Jahre 1948 durch FOLKERS und LESTER E. SMITH, die dem Wirkstoff den Namen *Vitamin B_{12}* gaben.

Sie konnten ihn in kristalliner Form als sattrote Verbindung durch Anwendung moderner Adsorptionsverfahren aus den Extrakten von Ochsenleber gewinnen.

Das Vitamin B_{12}, das technisch aus den Fermentations-Rückständen der Antibiotica-Produktion durch Mikro-Organismen oder als Konzentrat zur Vitaminisierung von Viehfutter aus dem Klärschlamm der Abwässer erhalten werden kann, besitzt unter den Vitaminen insofern eine Sonderstellung, als es in der Natur ausschließlich von Bakterien oder anderen Mikro-Organismen erzeugt wird.

Es gehört zu den biologisch aktivsten Substanzen. Bereits 3–6 γ Vitamin B_{12} zeigen eine eindeutige Wirkung bei der Anämie des Menschen.

11.2. Struktur und Nomenklatur

Innerhalb von sieben Jahren nach der Isolierung des kristallinen Vitamins B_{12} erfolgte die Strukturaufklärung.

Erst die Kombination klassischer Abbaureaktionen (LESTER E. SMITH, FOLKERS, TODD) mit modernen physikalisch-chemischen Untersuchungsmethoden (Röntgenstruktur-Analyse, DOROTHY CROWFOOT HODGKIN) führte bei dem komplizierten Molekül des Vitamins B_{12}, das stets nur in sehr geringen Mengen rein zur Verfügung stand, zum Ziel.

1955 teilte TODD die folgende Strukturformel des Vitamins B_{12} (I) mit:

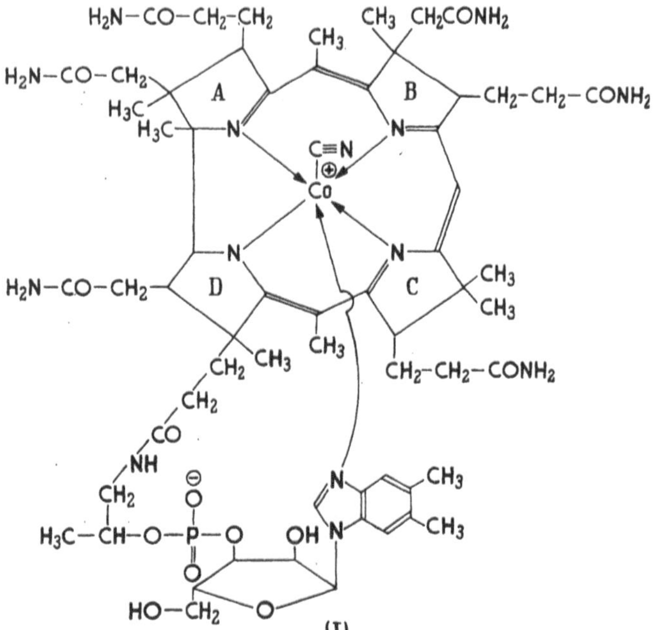

(I)

Vitamin B_{12} kristallisiert in dunkelroten Nadeln und dreht die Ebene des polarisierten Lichtes nach links. Seine diamagnetischen Eigenschaften werden durch das damit erstmalig in einem Naturprodukt aufgefundene *dreiwertige Kobalt* erklärt, das als Zentralatom eines Komplexes mit der Koordinationszahl 6 vorliegt. Das nach der ebullioskopischen Methode bestimmte Molekulargewicht des Vitamins B_{12} beträgt 1490 ± 150, seine Summenformel lautet $C_{63}H_{88}CoN_{14}O_{14}P$.

Die Nomenklatur des Systems wurde anläßlich des Europäischen Symposiums über Vitamin B_{12} in Hamburg (1956) vorgeschlagen und von einer Kommission unter der Leitung von LESTER E. SMITH 1959 festgelegt. Danach erhält das porphyrin-ähnliche Skelett den Namen *Corrin* (II) und folgende Numerierung (Ringe A, B, C und D):

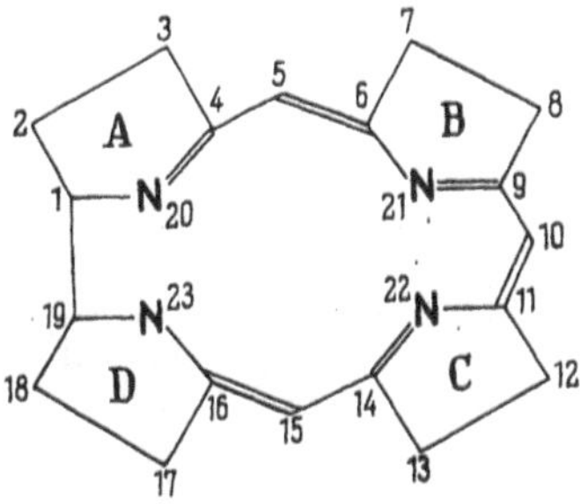

(II)

Nur sechs Kohlenstoff-Atome des Corrin-Ringes (3, 8, 10, 13, 18, 19) tragen im Vitamin B_{12} (I) noch einen Wasserstoff, alle anderen sind durch *Methyl-*, *Acetamid-* und *Propionsäureamid*-reste vollständig substituiert.

In Stellung 20 beginnend, zieht sich ein resonanzfähiges System von *sechs konjugierten Doppelbindungen* durch das Molekül. Auffällig ist die direkte α,α-Bindung (1→19) der beiden hydrierten Pyrrolringe A und D, während die restlichen drei Brücken im Corrinsystem ähnlich dem Porphyrinsystem durch *Methin*gruppen gebildet werden, die in 5- und 15-Stellung methylsubstituiert sind. Zwei Valenzen des dreiwertigen Kobalts gehen zum Stickstoff des Ringes D sowie zu einer Cyanogruppe, die dem Vitamin B_{12} auch die Bezeichnung *Cyanocobalamin* einbrachte. Die resultierende einfach positive Ladung des Kobalts wird intramolekular kompensiert durch eine negative Ladung am Sauerstoff des Phosphatrestes. Das Vitamin B_{12} ist demnach ein *Betain*.

Die gesamte beschriebene Anordnung des Corrinsystems ist planar und bildet einen rechten Winkel mit einem weiteren Teil des B_{12}-Moleküls, dem sogenannten *Nucleotidester*, der aus 1-Amino-propanol-2 (III), Phosphorsäure, Ribose und 5,6-Dimethylbenzimidazol (IV) aufgebaut ist.

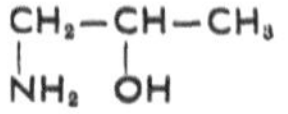

(III)

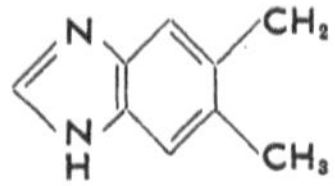

(IV)

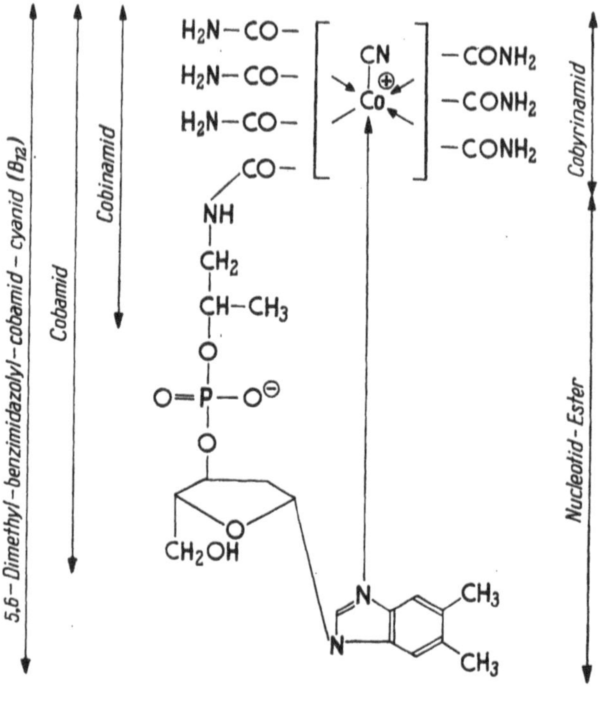

Die Bindung an das Corrin-System erfolgt über die 17-ständige Propionsäureamidgruppe. Die Ribose liegt in α-glykosidischer Bindung vor und ist am C-Atom 3 mit der Phosphorsäure verestert. Ein von STOKSTAD angegebenes Schema läßt die einzelnen Komponenten des großen Moleküls und ihre Bezeichnungen erkennen.

11.3 Abbau-Reaktionen

Die in Kap. 11.2. angegebene Konstitution des Vitamins B_{12} konnte selbstverständlich erst als Ergebnis der im vorliegenden Kapitel zu behandelnden einzelnen Schritte der Strukturaufklärung (chemischer Abbau, Röntgenstrukturanalyse) festgelegt werden. Im Molekül des Vitamins B_{12} waren Phosphor und Kobalt gefunden worden, und sehr bald zeigte sich, daß vom Kobalt als Zentralatom eines stickstoffhaltigen, komplexen Moleküls eine Cyanidgruppe gebunden wird, die gegen andere Reste austauschbar ist. So entsteht aus *Cyanocobalamin* durch Photolyse oder Reduktion mit H_2/Pd das *Vitamin B_{12a}*, das mit dem *Vitamin B_{12b}* identisch ist und eine Hydroxyl- statt der Cyangruppe enthält. Es wird als *Hydroxo-cobalamin* oder besser als *Aquo-cobalamin* bezeichnet, da es hydratisiert vorliegt.

Bei der Behandlung mit Cyanid im Überschuß bildet es einen sauren, intensiv purpurfarbenen Komplex, das *Dicyano-cobalamin*, das auch aus B_{12} mit Cyanid entsteht, nur in alkalischem Milieu stabil ist und mit Säuren sofort wieder B_{12} ergibt. Im Dicyano-cobalamin ist die koordinative Bindung zwischen dem Zentralatom und dem Stickstoff des substituierten Benzimidazols aufgebrochen, so daß das Kobalt beide Cyanreste bindet.

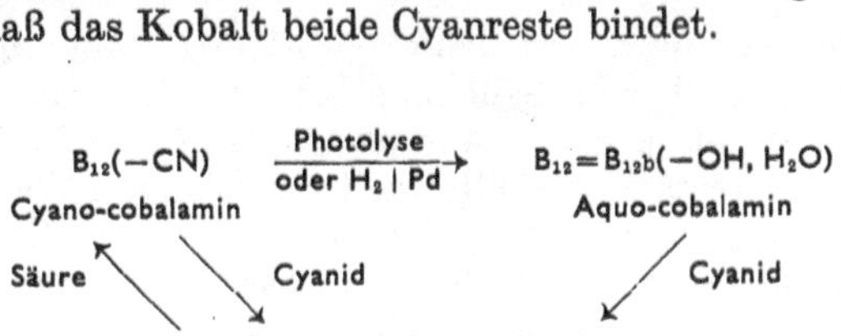

Die leichte Umwandelbarkeit der Cobalamine in Vitamin B_{12} erklärt die in jedem Fall vorhandene, allerdings etwas unterschiedliche biologische Aktivität.

Vitamin B_{12} ist eine extrem schwache Base. Sie bildet mit Perchlorsäure ein Hexaperchlorat, wobei die Salzbildung an den sechs Essig- bzw. Propionsäureamid-Gruppen eintritt.

Schon sehr frühzeitig wurden Versuche angestellt, das Molekül des Vitamins B_{12} im *sauren Medium* aufzuspalten. Es wurde Ammoniak gefunden, der aber, wie wir heute wissen, nicht etwa aus einer am Aufbau des Vitamins beteiligten Aminosäure, sondern aus den Acet- bzw. Propionamid-Substituenten des Corrin-Ringes stammt. Trotzdem war die Suche nach Aminosäuren unter den Spaltprodukten sehr nützlich, denn im Papierchromatogramm konnte mit Ninhydrin das 1-Amino-propanol-2 nachgewiesen werden.

Die Spaltung des Moleküls unter stärker sauren Bedingungen führt zum 3-Phosphat des 1-α-D-Ribofuranosido-5,6-dimethylbenzimidazols (V), das wir heute als Hauptbestandteil der Nucleotidkomponente kennen, sowie der phosphorsäure- und zuckerfreien Grundsubstanz, dem 5,6-Dimethyl-benzimidazol (IV).

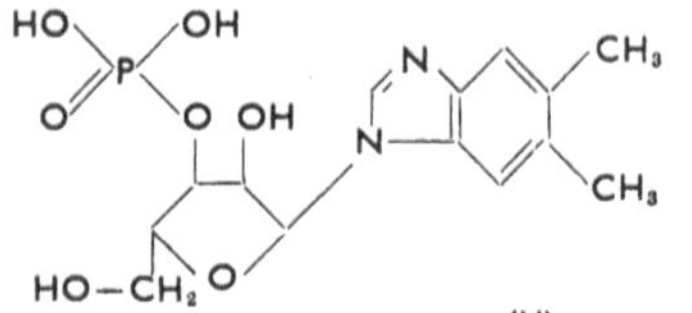

(V)

Bei der Hydrolyse mit heißer, *verdünnter Natronlauge* unter Ausschluß von Sauerstoff ändert sich die rote Farbe des Moleküls über braun nach grün. Unter Reduktion des dreiwertigen Kobalts werden dabei zwei Wasserstoffe, die aus dem $-NH_2$ der 7-ständigen Acetamid-Gruppierung sowie vom Kohlenstoffatom 8 stammen, zu Wasser oxydiert. An $C_7 \rightarrow C_8$ bildet sich ein neuer Lactam-

Ring aus, und bei Luftzutritt wird das Kobalt wieder in die dreiwertige Form überführt. Die entstandene neue Verbindung, das *Dehydro-vitamin B_{12}* (VI), ist chemisch nicht vom ursprünglichen Vitamin B_{12} zu unterscheiden. Auch hier brachte erst die Röntgenstruktur-Analyse endgültige Klarheit. (VI) zeigt allerdings keine mikrobiologische Aktivität mehr.

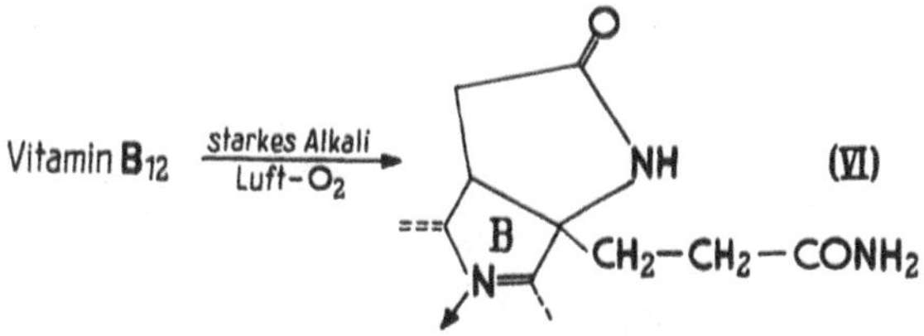

(VI)

Der stabilste Teil bei allen folgenden Reaktionen ist dieser am Ring B neu entstandene Lactamring. Bei weiterer Hydrolyse verseifen alle Amidgruppen zu den Säuren, und die Nucleotidkomponente wird abgespalten. Endprodukt des Abbaus ist eine *Hexacarbonsäure* (VII), die im Gegensatz zu allen anderen bekannten nucleotidfreien B_{12}-Spaltprodukten kristallin erhalten werden kann. Da in der Verbindung (VII) außerdem noch die Grundstruktur des Vitamins B_{12} erhalten geblieben ist, konnte sie ausgezeichnet zur Röntgenstruktur-Analyse benutzt werden.

Die Oxydationsprodukte des Vitamins B_{12}, die von KARRER untersucht wurden, konnten wenig Auskünfte über die Struktur des Moleküls geben. KARRER identifizierte Essig-, Oxal- und Bernsteinsäure sowie Methylbernstein- und Dimethylmalonsäure neben einigen weiteren sauren Spaltprodukten. Die Säuren enthielten keinen Stickstoff und stammten offenbar aus der Peripherie des Moleküls.

Auch die Suche nach Derivaten des Maleinimids unter den Spaltprodukten, die einen Hinweis auf die vermutete Porphyrinstruktur gegeben hätten, war vergebens. Erst

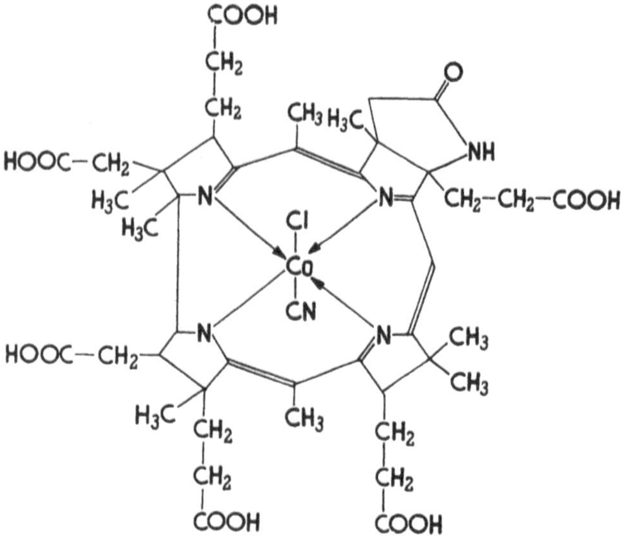

(VII)

1955 konnten durch FOLKERS die beiden stickstoffhaltigen Verbindungen (VIII) und (IX) isoliert werden, die endlich einen Hinweis auf eine pyrrolähnliche Anordnung im Vitamin B_{12} gaben.

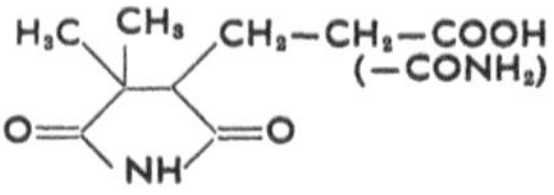

(VIII)

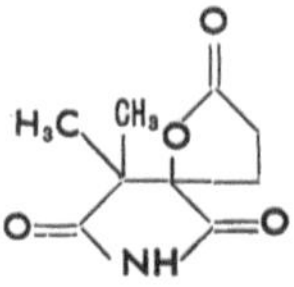

(IX)

Auch die Reduktion und andere chemische Verfahren vermittelten keine weiteren grundlegenden Kenntnisse der B_{12}-Struktur. Seit 1948, als die ersten Kristalle des Vitamins zugänglich wurden, beschäftigte sich DOROTHY CROWFOOT HODGKIN in Oxford mit der *Strukturaufklä-*

rung durch Röntgenstrukturanalyse. Bald wurden auch Derivate des Vitamins, wie das Thiocyanat und das Selenocyanat, sowie die kristalline Hexacarbonsäure (VII) in die Untersuchungen einbezogen. Durch diese Methode wurde erstmalig an einem derartig komplizierten Molekül, vom Zentralatom Kobalt ausgehend, Lage und Art der Atome und Atomgruppen bestimmt und durch Vergleich mit den Produkten des chemischen Abbaus eine vollständige Strukturaufklärung durchgeführt, die einen Höhepunkt in der Kombination moderner physikalisch-chemischer Forschungs-methoden und klassischer Verfahren zur Konstitutionsaufklärung darstellt. Zur Auswertung der Aufnahmen waren über 10 Millionen Rechenoperationen nötig, die von „*electronic computors*" erledigt wurden und schließlich zur Aufstellung der in Kap. 11.2. angegebenen Formel für das Vitamin B_{12} führten.

11.4. Analoga

Ähnlich den Vitaminen A, D, E, K, B_6 u. a., die jeweils Familien einander ähnlicher Verbindungen bilden, finden sich in Tierexkrementen auch Analoga des Vitamins B_{12}, in denen das Benzimidazolgerüst ersetzt worden ist durch Adenin, (= *Pseudovitamin* B_{12}, (X)), 2-Methyl-adenin (= *Faktor A*, (XI)), Guanin oder Hypoxanthin-Derivate.

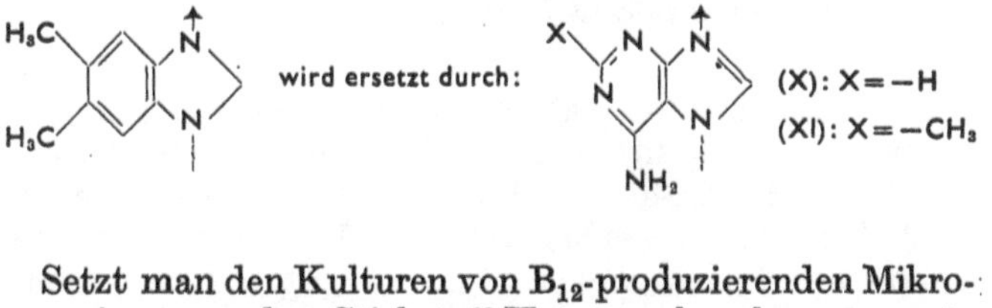

Setzt man den Kulturen von B_{12}-produzierenden Mikroorganismen andere Stickstoff-Heterocyclen als sogenannte *Präcusoren* zu, so werden sie statt 5,6-Dimethyl-benzimidazol in das Vitaminmolekül eingebaut.

So wurden zur Darstellung derartiger synthetischer Analoga zahlreiche alkyl-, hydroxy-, halogen-, amino- und nitrosubstituierte Benzimidazole verwandt, aber auch *8-Aza-adenin* (XII), *2,3-Dimethyl-pyrazino-imidazol* (XIII), *Benzotriazol* (XIV) und *Benzothiazol* (XV).

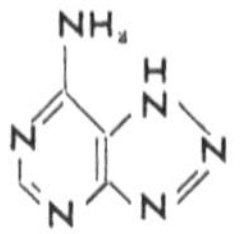
(XII)

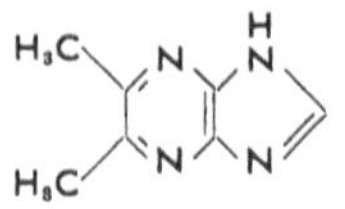
(XIII)

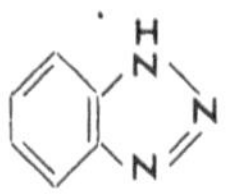
(XIV)

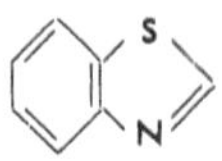
(XV)

Die biologische Aktivität der Analoga ist unterschiedlich, stets aber geringer als die des Vitamins B_{12}.

Lester E. Smith stellte aus dem Verseifungsprodukt von B_{12} mit einer Carboxylgruppe durch Umsetzung mit Methyl-, Äthyl-, Phenyläthyl-, Amyl- und Cyclohexylamin, aber auch Anilin, Piperidin und Äthylendiamin substituierte Säureamide dar, die eine ganz eindeutige Anti-Vitamin B_{12}-Aktivität besitzen.

12. Ascorbinsäure (Vitamin C)

12.1. *Vorkommen und Isolierung*

Skorbut, eine seit Jahrhunderten bekannte Mangelkrankheit, war während der Kreuzzüge und in den Notzeiten des Mittelalters die häufigste Todesursache neben der Tuberkulose. Auch bei Seeleuten, die monatelang ohne frische pflanzliche Nahrung unterwegs gewesen waren, traten die Symptome des Skorbut auf. Seit 1752 war bekannt, daß durch den Genuß von frischem Obst und Gemüse eine schnelle Besserung des Gesundheitzustandes erreicht werden kann, d. h., daß Beziehungen zwischen dem Skorbut und den Inhaltsstoffen bestimmter Nahrungsmittel bestehen.

Auf der Suche nach dem Wirkstoff isolierte SZENT-GYÖRGY (1927—28) aus der Nebenniere des Rindes, aber auch aus Orangen oder Kohlarten eine kristalline Substanz, die starke Reduktionswirkung zeigte. Wegen der sauren Natur und der Summenformel $C_6H_8O_6$ nannte er sie *Hexuronsäure*. Erst 1932 erkannte SZENT-GYÖRGY die Hexuronsäure als das lange gesuchte antiskorbutische Vitamin, das seitdem als *Ascorbinsäure* (*Vitamin C*) bezeichnet wird.

Ascorbinsäure kommt z. B. in Zitronen, Orangen, Hagebutten und Erdbeeren, aber auch in Kartoffeln oder Kohl (überall durchschnittlich 0,5—1,5 g/kg) sowie in Paprikaschoten (2—4 g/kg) vor. Früher wurde das Vitamin großtechnisch aus natürlichen Vorkommen isoliert. Heute liefert ausschließlich die Synthese (s. Kap. 12.3.) den benötigten Wirkstoff.

12.2. Konstitution

KARRER, HAWORTH, HIRST und MICHEEL bewiesen 1933, daß das Vitamin C (I, $C_6H_8O_6$, L(-)Ascorbinsäure) die Struktur eines *Enol-Lactons der 2-Keto-L-gulonsäure* (II) hat.

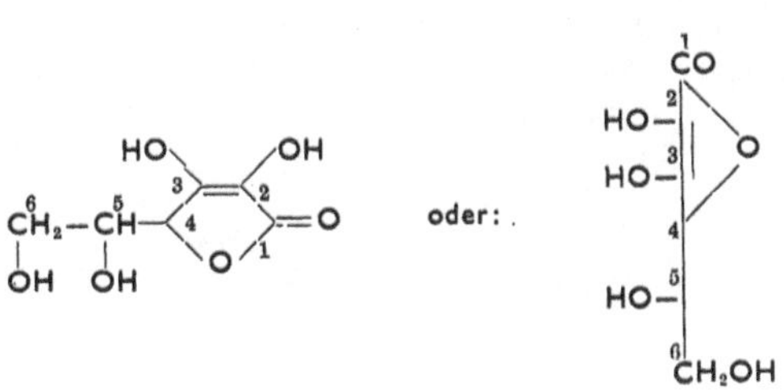

(I)

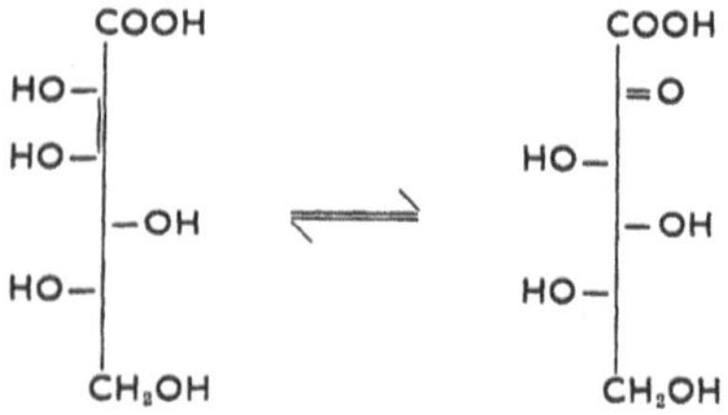

(II)

Die *Endiol*-Gruppierung erklärt die saure Natur des Wirkstoffes. Durch Methylierung mit Diazomethan bildet sich die *Dimethylascorbinsäure* (III), die keine biologische Aktivität besitzt und natürlich auch nicht mehr sauer reagiert.

Ascorbinsäure geht sehr leicht in die *Dehydro-ascorbinsäure* (IV) über; diese Reaktion ist reversibel und erklärt die reduzierende Wirkung des Vitamins. (IV) zeigt noch die gleichen Wirkstoffeigenschaften wie (I).

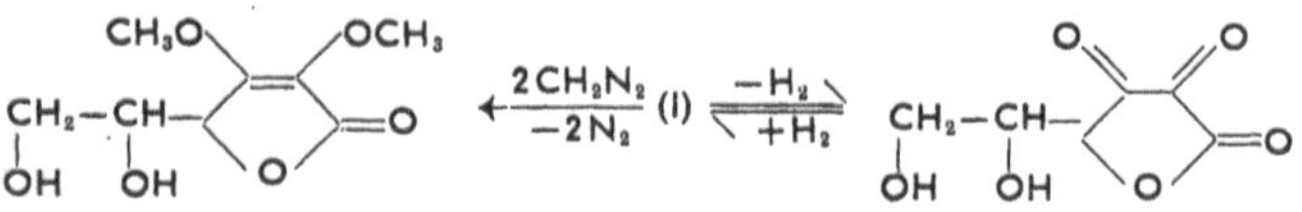

(III) (IV)

Das Vorhandensein zweier benachbarter Hydroxylgruppen an den C-Atomen 5 und 6 wird durch die Bildung eines Acetonderivates (V) bewiesen. Eine der beiden Hydroxylgruppen muß primär sein, da sich ein Tritylderivat herstellen läßt, und muß außerdem endständig sein, da durch Criegee-Spaltung die berechnete Menge Formaldehyd entsteht.

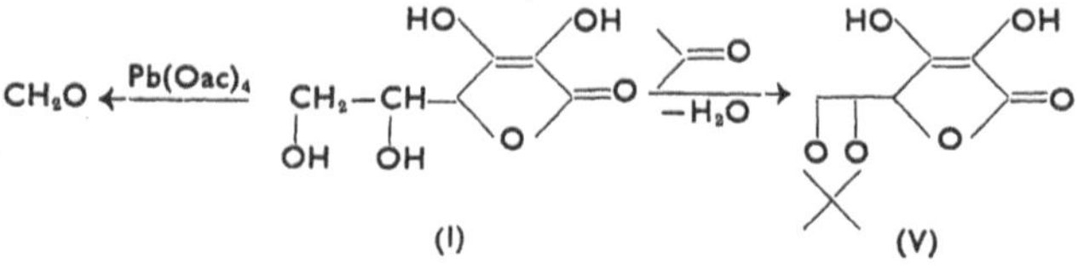

(I) (V)

Das Acetonderivat (V) besitzt natürlich noch die reduzierende Wirkung des Vitamins, aber keine biologische Aktivität mehr.

Ersetzt man die Wasserstoffe der vier Hydroxylgruppen durch die Reste R_1 (= $-CO-C_6H_4-NO_2$) bzw. R_2 (= $-CH_3$), so entsteht Verbindung VI, deren Ozonisierung die Lage der Doppelbindung in der Ascorbinsäure aufklärt. Es bildet sich das Abbauprodukt (VII), das noch die sechs Kohlenstoffatome des Grundgerüstes enthält. Die Doppelbindung der Ascorbinsäure muß demnach Bestandteil eines Ringsystems sein, da sonst zwei Bruchstücke zu erwarten sind. Die weitere Spaltung von (VII) ergibt Threonsäure (Trihydroxy-buttersäure) und Oxalsäure.

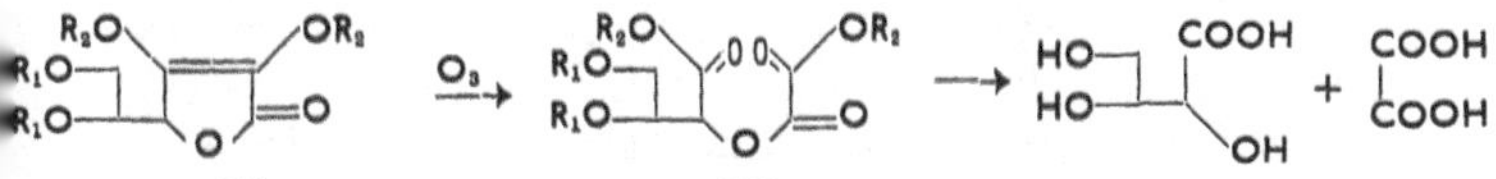

(VI) (VII)

Durch eine ähnliche Abbaureaktion wird auch die absolute Konfiguration des Vitamins geklärt. Aus der tetramethylierten Ascorbinsäure (VIII) entsteht durch Ozonisierung, alkalische Spaltung und Umsetzung mit NH_3 der Threonamid-3,4-dimethyläther (IX), der durch Überführung in Abbauprodukte bekannter absoluter Konfiguration als L-Verbindung charakterisiert werden kann.

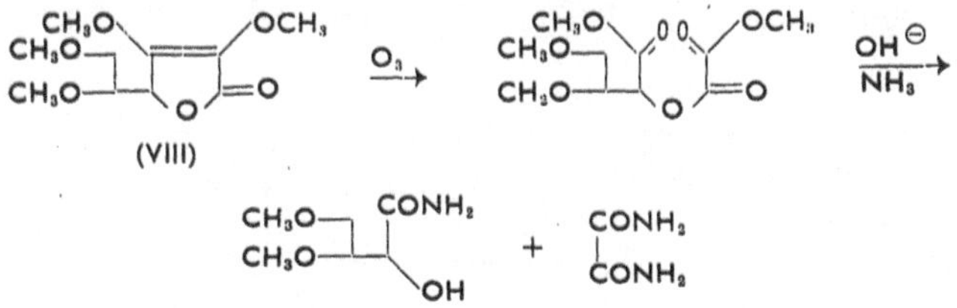

(VIII) (IX)

Damit ist bewiesen, daß auch die natürlich vorkommende Ascorbinsäure der L-Reihe angehört.

12.3. Synthese

1933 teilten REICHSTEIN und HAWORTH eine erste Synthese der L-Ascorbinsäure mit, ausgehend von der synthetischen L-Xylose.

Seit 1937 wird in der Technik eine modifizierte REICHSTEIN-Synthese angewandt, die auf der leicht zugänglichen D-Glucose (X) basiert. (X) wird durch katalytische Hydrierung (Cu/Cr) unter Druck bei erhöhten Temperaturen (50—200°) in den Zuckeralkohol D-Sorbit (XI) übergeführt, der ohne Isolierung durch fermentative Oxydation mit Hilfe Cu-resistenter Stämme von *Acetobacter suboxydans* in die 2-Keto-hexose L-Sorbose (XII) verwandelt wird. Während der Reaktion wird sterile Luft durch die Lösung geblasen, und die gebildete Ketose wird mit CH_3OH gefällt. XII liegt als β-L-Sorbofuranose (XIII) vor und hat am Kohlenstoffatom 5 bereits die Konfiguration der natürlichen Ascorbinsäure.

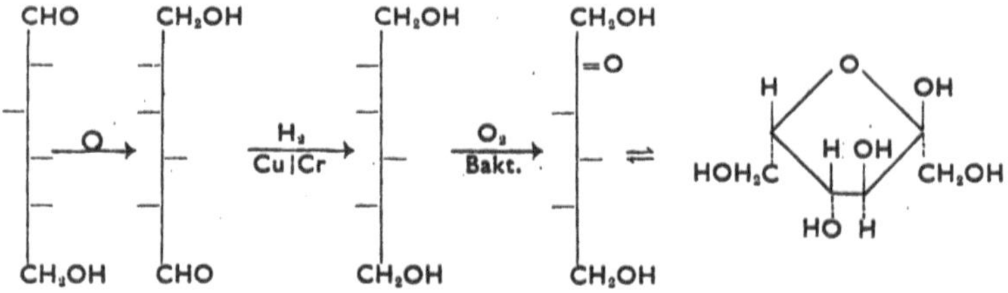

(X) (XI) (XII) (XIII)

In der nächsten Reaktionsstufe wird die $-CH_2OH$-Gruppe in Stellung 1 zur Carboxylgruppe oxydiert. Um eine gleichzeitige Oxydation der $-CH_2OH$-Gruppe in Stellung 6 auszuschalten, werden je zwei cis-ständige Hydroxylgruppen durch Umsetzung mit Aceton maskiert. Die gebildete Diaceton-L-sorbose (XIV) wird mit organischen Lösungsmitteln extrahiert und in alkalischer Lösung bei Anwesenheit katalytischer Mengen von Cu^{++}- bzw. Co^{++}-Salzen mit $KMnO_4$ zur Diaceton-2-keto-L-gulonsäure (XV) oxydiert, die durch Ansäuern der gekühlten Lösung mit Salzsäure ausgefällt wird.

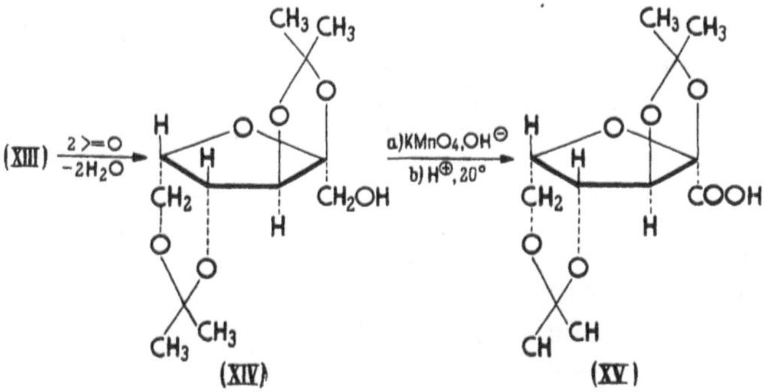

Die freie 2-Keto-L-gulonsäure (II) entsteht aus (XV) durch saure Hydrolyse. Nach einem anderen technischen Verfahren wird (II) aus L-Sorbose (XII) durch direkte Oxydation am Platinkontakt hergestellt. Die Enolisierung und Lactonisierung der 2-Keto-L-gulonsäure (II) wird durch Veresterung, Behandlung mit Na-methylat-Lösung und Ansäuern mit eisenfreier Salzsäure erreicht; die Technik katalysiert die gesamte Reaktionsfolge durch Salzsäure in verschiedenen organischen Lösungsmitteln.

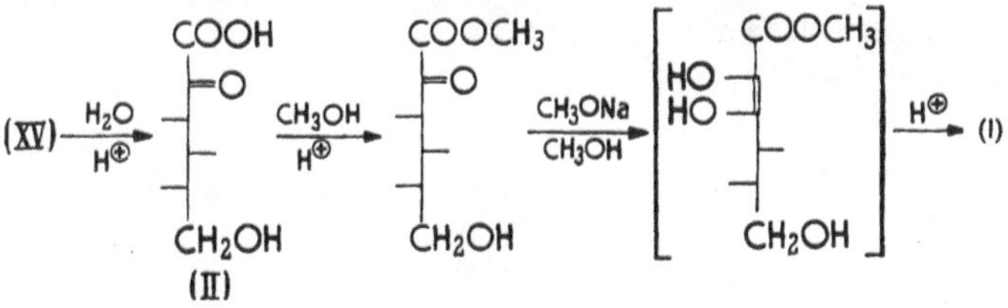

Die rohe L-Ascorbinsäure fällt aus und wird durch Umkristallisation aus Wasser gereinigt. Aus 2—4 kg Glucose wird nach dieser Methode etwa 1 kg Vitamin C gewonnen.

12.4. Eigenschaften

Zahlreiche Säugetiere produzieren das Vitamin C selbst in der Leber. Mensch, Affe, Meerschweinchen und Reh sind auf die Zufuhr von außen angewiesen.

Die wasserlösliche Ascorbinsäure ist im sauren Medium beständig; im neutralen oder alkalischen Milieu wird sie leicht zur Dehydro-ascorbinsäure (s. Kap. 12.2.) oxydiert. Ähnliche reduzierende Eigenschaften zeigen die *Reduktone* (VON EULER), die ebenfalls eine Endiol-Gruppierung besitzen. Durch Oxydation von Dihydroxyaceton oder durch $Pb(OCOCH_3)_4$-Spaltung der Glucose entsteht das *Triose-Redukton*, Tartronaldehyd-Endiol, (XVI), das in wäßriger Lösung fast quantitativ als Endiol vorliegt. Aus einem nordafrikanischen Pfeilgift isolierte HESSE die *Methylreduktinsäure* (XVII).

(XVI)

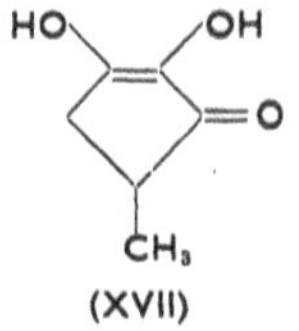

(XVII)

Sowohl die Endiol-Struktur als auch der Furanring in der Ascorbinsäure sind Voraussetzungen für den Erhalt der biologischen Aktivität. Hingegen kann die Seitenkette variiert werden.

13. Vitamin D

13.1. Rachitis

Das Bild der *englischen Krankheit* (*Rachitis*) wurde 1650 von dem englischen Arzt GLISSON erstmalig beschrieben. Besonders bei unterernährten Kindern der mitteleuropäischen Großstädte mit ihren lichtarmen Hinterhöfen trat die Krankheit auf, während sie in südlichen, sonnenreicheren Gegenden, aber auch in den Polarländern nicht die gleiche Verbreitung hatte.

Die Symptome der Rachitis (Wachstumsstörungen, ungenügende Kalkablagerung in den Knochen) sind, wie wir heute wissen, Folgen des Mangels an *Vitamin D*, das als regulierender Faktor in den Calcium-Phosphor-Metabolismus eingreift.

HOPKINS wies 1906 als erster darauf hin, daß die Rachitis, ähnlich Beri-Beri und Skorbut, eine Folge falscher Ernährung sei. MC COLLUM und MELLANBY bestätigten dies 1919. Sie fanden, daß Lebertran neben Vitamin A einen fettlöslichen, antirachitisch wirksamen Faktor enthält. Der Berliner Kinderarzt HULDSCHINSKY heilte im gleichen Jahr rachitische Kinder, indem er sie längere Zeit dem Sonnenlicht oder künstlicher UV-Bestrahlung aussetzte, und HESS sowie STEENBOCK fanden 1924/25, daß die antirachitische Wirksamkeit, d. h., der Vitamingehalt von Nahrungsmitteln, durch UV-Bestrahlung erhöht wird.

Daraus konnte geschlossen werden, daß sich sowohl in der Hautoberfläche als auch in Nahrungsmitteln eine Vitaminvorstufe, d. h. ein *Provitamin* befindet, das bei UV-Bestrahlung in das Vitamin übergeht.

13.2. *Sterine als Provitamine*

HESS stellte 1925 fest, daß die charakteristischen Absorptionsbanden der Sterine, die in seinem Versuchsmaterial enthalten waren, nach der UV-Bestrahlung nicht mehr gefunden werden konnten, Die Produkte zeigten aber beachtliche antirachitische Wirksamkeit. Er nahm an, daß das *Cholesterin*, ein häufig vorkommendes tierisches Sterin, das Provitamin sei und bestrahlte die mehrmals umkristallisierte reine Substanz. Das Produkt wirkte wieder antirachitisch, unterschied sich aber in fast allen physikalischen Daten nicht vom Cholesterin. Nur die ursprünglich vorhandene UV-Absorption bei 280—300 mμ war verschwunden. Da auf chemischem Wege gereinigtes Cholesterin durch UV-Bestrahlung nicht in antirachitisch wirksame Produkte überführt werden konnte, nahm Hess an, daß eine das Cholesterin begleitende Substanz, die bei 280—300 mμ absorbiert, das Provitamin sei. Er wandte sich 1926 an Windaus in Göttingen, der die größten Erfahrungen auf dem Steringebiet besaß und zusammen mit H. Wieland die Struktur der Sterine aufgeklärt hatte.

Die Sterine leiten sich vom Grundgerüst des *Cyclopentano-perhydro-phenanthren*, vom *Steran*, *Gonan*, (I), ab.

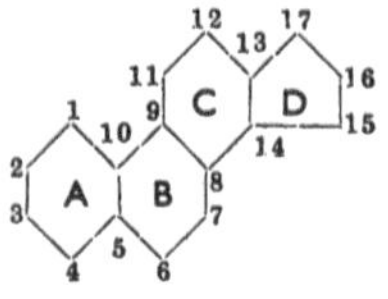

(I)

An den Positionen 3 (—OH), 10 und 13 (—CH_3) sowie 17 (verzweigte Seitenkette) ist das Steran substituiert. Der Ring B besitzt eine bzw. zwei Doppelbindungen. Da die sechs Kohlenstoffe, die jeweils zwei alicyclischen Ringen angehören (5/10, 8/9, 13/14), asymmetrisch sind, lassen sich zahlreiche Stereoisomeren formulieren. Substituenten, die sich oberhalb der Ringebene (*β-ständig*) befinden, werden nach Fieser mit voll ausgezogener Bindung, Substituenten unterhalb der Ringebene (*α-ständig*) mit punktierter Bindung gezeichnet. Bezugssystem ist die angulare Methylgruppe in Stellung 10, die stets β-ständig ist.

Hückel zeigte in seiner klassischen Untersuchung am Dekalin, angeregt durch die Arbeiten von Windaus über die Stereochemie der Sterine, daß ein System von zwei kondensierten alicyclischen Ringen in der *cis*- und der *trans*-Form vorliegen kann.

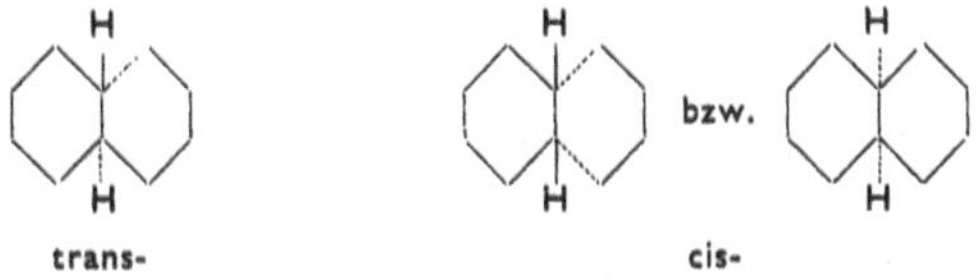

An cis-ständigen Ringen befinden sich die Substituenten der beiden gemeinsamen Kohlenstoffatome oberhalb der Ringebene, an trans-ständigen Ringen oberhalb und unterhalb der Ringebene.

WINDAUS, POHL, HESS, ROSENHEIM und WEBSTER fanden 1926, daß das Pilzsterin *Ergosterin* (II), ein ständiger Begleiter des Cholesterins, bei der Bestrahlung mit UV-Licht ($\lambda = 280$ mμ) in eine isomere Verbindung $C_{28}H_{43}OH$, (III) übergeht, die bereits in geringen Dosen starke antirachitische Wirkung zeigt.

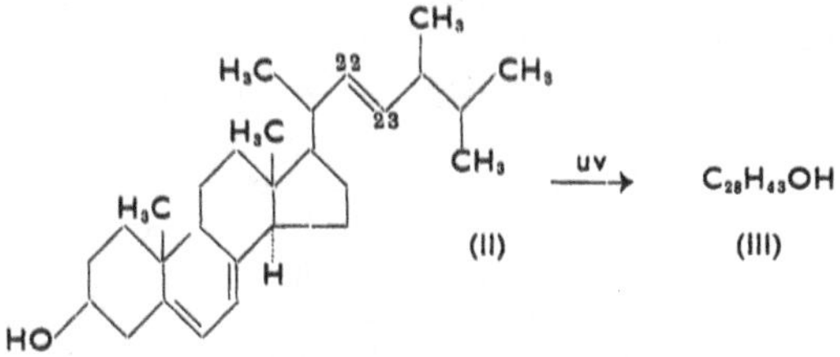

Damit war im Ergosterin das gesuchte Provitamin gefunden.

13.3. Darstellung, Isolierung und Vorkommen der D-Vitamine

Es zeigte sich, daß das Bestrahlungsprodukt des Ergosterins aus mehreren Komponenten bestand. 1930 gewannen WEBSTER und ASKEW durch Destillation aus dem Gemisch eine kristalline, stark antirachitisch wirksame Verbindung, die sie *Calciferol* nannten. WINDAUS, LINSERT und LÜTTRINGHAUS isolierten 1931 einen kristallinen Wirkstoff und nannten ihn *Vitamin D_1*. D_1 erwies sich als Molekülverbindung zweier Bestrahlungsprodukte, des *Lumisterins* und des gesuchten reinen Wirkstoffes, der als *Vitamin D_2* bezeichnet wurde und 1932 von WINDAUS und HEILBRON in reiner Form abgetrennt werden konnte. Reines Calciferol und Vitamin D_2 zeigten übereinstimmende physikalische Eigenschaften und gleiche physiologische Wirkung, womit ihre Identität bewiesen war. Außer Vitamin D_2 und Lumisterin wurden aus dem Bestrahlungsprodukt des Ergosterins noch andere Substanzen (*Tachysterin, Suprasterin* u. a.) isoliert, deren Struktur und Entstehung in Kap. 13.5. diskutiert werden.

WINDAUS stellte 1932 ein *Bestrahlungsschema* auf, nach dem Ergosterin über Lumisterin und Tachysterin in Vitamin D_2 übergeht, das bei Überbestrahlung die Suprasterine bildet.

Im Vitamin D_2 ist der Ring B des Ergosterins zwischen den Kohlenstoffatomen 9 und 10 aufgesprengt, und zwischen 9 und 19 hat sich eine neue, semicyclische Doppelbindung gebildet (Strukturbeweis Kap. 13.4.).

In den folgenden Jahren wurden noch weitere D-Vitamine durch Bestrahlung von Sterinen, d. h. von Provitaminen, dargestellt bzw. aus natürlichen Vorkommen isoliert. Die wichtigsten Vertreter dieser Reihe sind die *Vitamine D_2, D_3 und D_4*, die mit den zugehörigen Provitaminen in der folgenden Übersicht zusammengestellt sind.

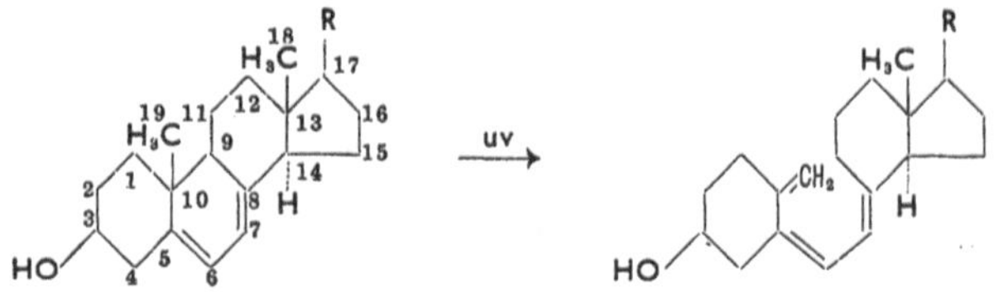

Provitamin D_2 = Ergosterin, (II) $\xrightarrow{UV}$ Vitamin D_2 (III)

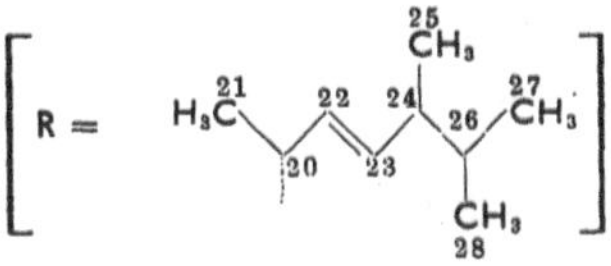

Provitamin D_3 = 7,8-Dehydrocholesterin, (IV) $\xrightarrow{UV}$ Vitamin D_3 (V)

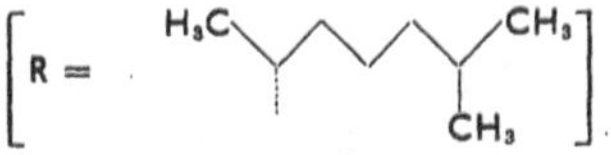

Provitamin D_4 = 22,23-Dihydroergosterin, (VI) $\xrightarrow{UV}$ Vitamin D_4 (VII) (= Dihydro-Vitamin D_2)

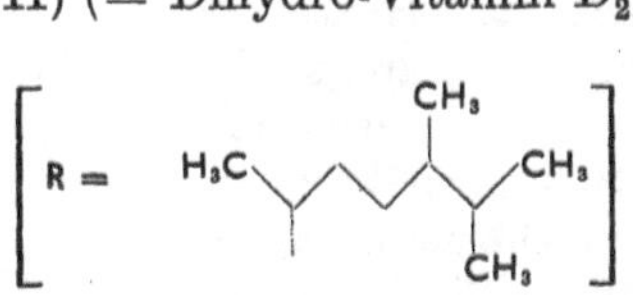

Die Ringe C und D sind bei diesen D-Vitaminen und Provitaminen stets trans-verknüpft, und die Hydroxylgruppe in 3-Stellung ist β-ständig. Nach der IUPAC-Nomenklatur wird Vitamin D_2 als *Ergocalciferol*, Vitamin D_3 als *Cholecalciferol* bezeichnet. Auch die Vitamine D_5 ($C_{29}H_{47}OH$), D_6 ($C_{29}H_{45}OH$) und D_7 ($C_{28}H_{45}OH$) sind bekannt.

Die D-Vitamine sind in der Natur bei weitem nicht so verbreitet wie die meisten anderen Vitamine. Geringe Mengen finden sich in Butter, Milch und Eigelb. Einen hohen Vitamingehalt, für den noch keine stichhaltige Erklärung gefunden worden ist, weisen die Eingeweide- und Leberöle (-trane) von Fischen (Dorsch, Thunfisch, Heilbutt, Haifisch) auf. Am häufigsten kommt das Vitamin D_3 vor, das 1936 erstmalig kristallin isoliert (BROCKMANN, aus dem Leberöl des blauen Thunfisches) und durch Partialsynthese hergestellt wurde (WINDAUS, Überführung von Cholesterin in 7,8-Dehydro-cholesterin und UV-Bestrahlung).

Vitamin D_3 ist stärker antirachitisch wirksam als D_2 (bei Hühnern 30:1). Alle D-Vitamine besitzen drei konjugierte Doppelbindungen und eine freie Hydroxylgruppe, deren Verätherung oder Veresterung zum Verlust der antirachitischen Wirksamkeit führt. Die Struktur der Seitenkette kann in gewissen Grenzen variiert werden.

Die Überführung des Provitamins in das Vitamin erfolgt durch Bestrahlung mit UV-Licht der Wellenlänge, die dem Absorptionsmaximum des Provitamins (z. B. Ergosterin 281 mμ) entspricht. Diese *Photo-Isomerisierung* findet auch im technischen Maßstab statt. Als Strahlungsquellen dienen z. B. Hg-Lampen oder der Mg-Funke. Als Lösungsmittel können Propanol, peroxidfreier Äther, Benzol, Hexan, Pentan usw. verwandt werden. Wegen der Sauerstoffempfindlichkeit der D-Vitamine wird unter Stickstoff gearbeitet. Um Überbestrahlung (Suprasterine) zu vermeiden, wird die Reaktion abgebrochen, ehe das gesamte Provitamin verbraucht ist. Das Vitamin, z. B. D_2, wird durch Überführung in den 3,5 Dinitro-benzoesäureester und dessen anschließende saure Verseifung aus dem Reaktionsgemisch abgetrennt.

Nach dieser Methode der Partialsynthese aus natürlichen Sterinen wird der größte Teil der benötigten D-Vitamine technisch dargestellt, während die Isolierung aus Fischleberölen (Adsorptionsverfahren, Molekulardestillation) nur noch eine untergeordnete Rolle spielt.

13.4. *Strukturbeweis für Vitamin D_2*

Die in Kap. 13.3. angegebenen Strukturformeln der D-Vitamine waren das Ergebnis jahrelanger Forschungsarbeiten, die seit 1932 von WINDAUS und seiner Schule durchgeführt wurden.

Die Mikrohydrierung mi tPt/H_2 bewies für das Vitamin D_2 vier Doppelbindungen, für das Ergosterin nur drei. Im Verlauf der Photo-Isomerisierung bildete sich demnach eine neue Doppelbindung aus. Die Se-Dehydrierung führte im Gegensatz zu Ergosterin und Lumisterin nicht zu 3′-Methyl-1,2-cyclopenteno-phenanthren (DIELS-Kohlenwasserstoff).

Daraus wurde der Schluß gezogen, daß sich einer der vier Ringe geöffnet hat. Einen Beweis lieferte die Addition von Maleinsäureanhydrid an Vitamin D_2 (III). Das acetylierte Addukt (VIII) wurde vorsichtig hydriert, wobei die Doppelbindung der Seitenkette abgesättigt wurde. Durch Ozonisierung entstand das bicyclische Keton (IX), das die Ringe C und D unverändert enthielt.

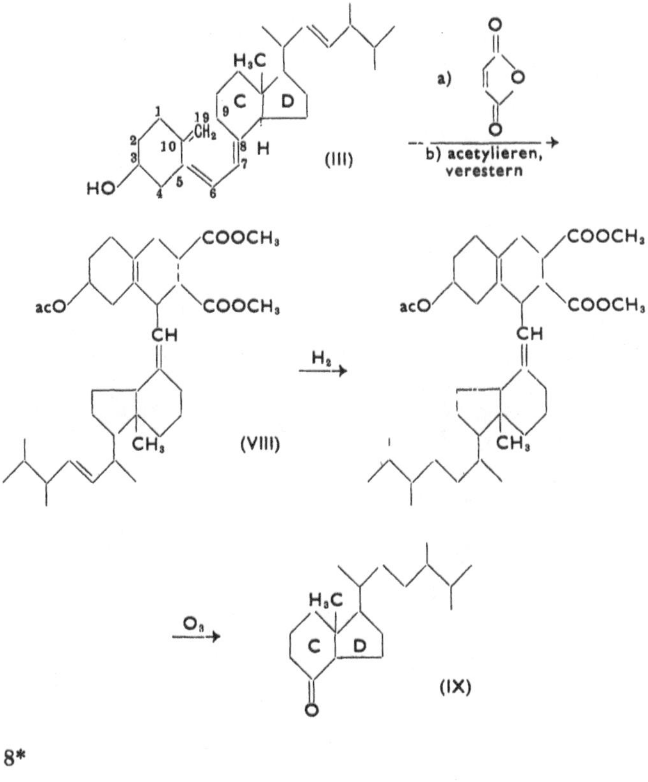

Weitere Beweise für die Vermutung, daß im D_2 der Ring B der Sterine zwischen C_9 und C_{10} geöffnet ist, lieferte außer der Addition an das Diensystem C_6/C_{19}

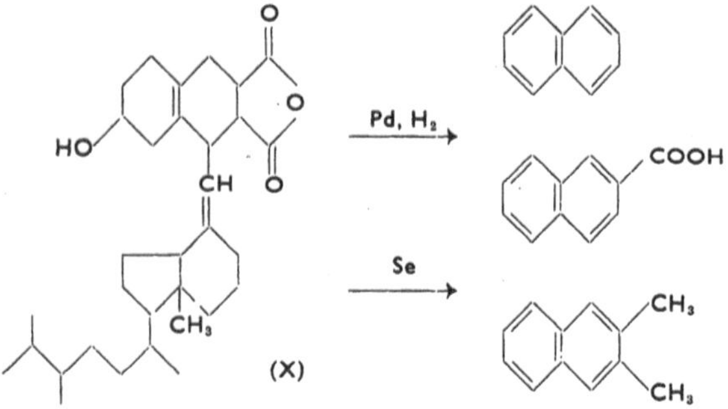

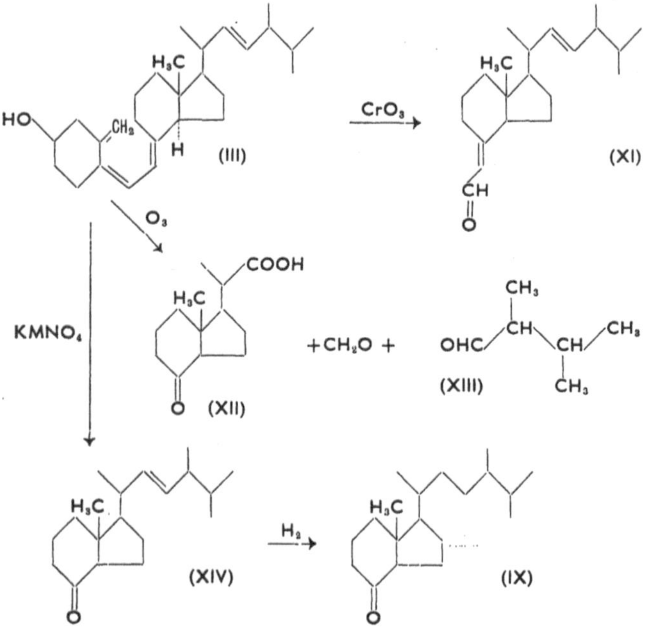

die Dehydrierung des hydrierten Adduktes (X). Mit Pd/Aktivkohle entstanden β-Naphthoesäure und Naphthalin, mit Selen das 2,3-Dimethylnaphthalin.

Auch die Oxydationsreaktionen am Vitamin D_2 bestätigten die Annahme, daß der Ring B aufgespalten worden ist. Mit Chromsäure bildete sich der α,β-ungesättigte Aldehyd (XI), durch Ozonisierung die Säure (XII), Methyl-isopropyl-acetaldehyd (XIII) und Formaldehyd. Die Oxydation mit $KMnO_4$ ergab das in der Seitenkette ungesättigte, bicyclische Keton (XIV), das sich zu dem bereits beim Abbau des Maleinsäureaddukts erhaltenen gesättigten Keton (IX) hydrieren ließ.

Die Untersuchung der Stereochemie des Vitamin-D_2-Moleküls, die Dorothy Crowfoot Hodgkin von 1948 bis 1957 mit Hilfe der Röntgenstrukturanalyse durchführte, zeigte ein gegenüber der Windaus-Formel (III) unterschiedliche räumliche Anordnung des Triensystems und führte zu Formel (XV).

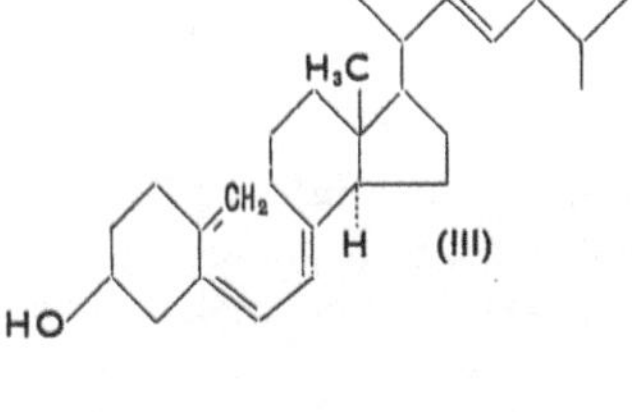

(III)

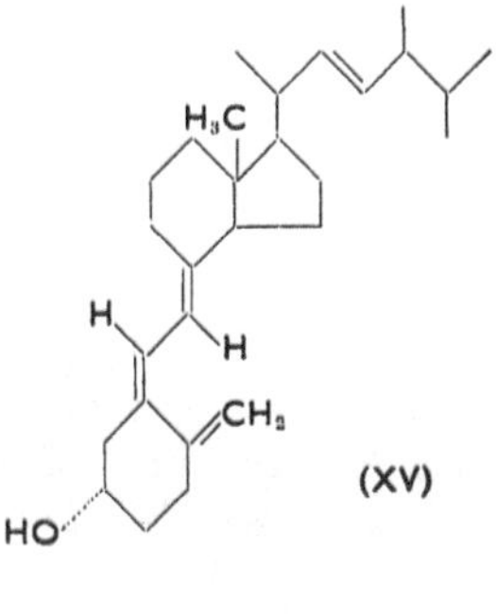

(XV)

13.5. *Photo-Isomerisierung*

Nach dem alten Windaus-Schema (1932) der photochemischen Reaktionsfolge sollte das Vitamin D_2 (III) in einer irreversiblen Reaktion durch UV-Bestrahlung aus Ergosterin (II) über Lumisterin (XVI) und Tachysterin (XVII) gebildet werden.

Lumisterin (XVI), das keine antirachitische Wirkung zeigt, war aus dem Isomerengemisch der Ergosterinbestrahlung isoliert worden. Es wurden drei Doppelbindungen, eine davon in der Seitenkette, nachgewiesen, bei Selen-Dehydrierung entstand der DIELS-Kohlenwasserstoff (Kap. 13.4.), und schließlich erwies sich Lumisterin als Stereo-Isomer des Ergosterins, in dem die Methylgruppe an C_{10} α-ständig ist (Formel XVI).

Tachysterin (XVII), das schwache antirachitische Aktivität besitzt, enthält wie Vitamin D_2 vier Doppelbindungen, davon drei in einem konjugierten System, ist aber kein Stereo-Isomer von D_2. Allerdings bilden Tachysterin und Vitamin D_2 bei der Perhydrierung identische Produkte.

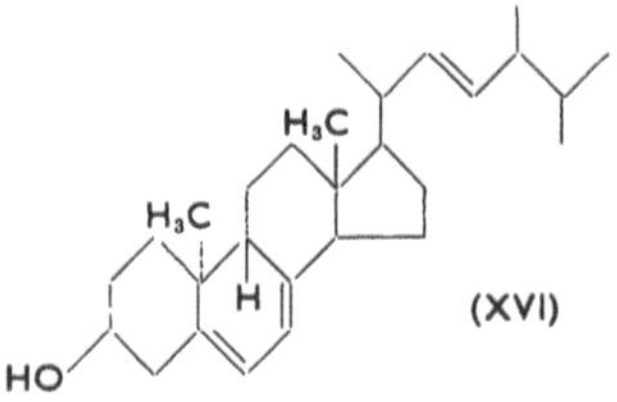

(XVI)

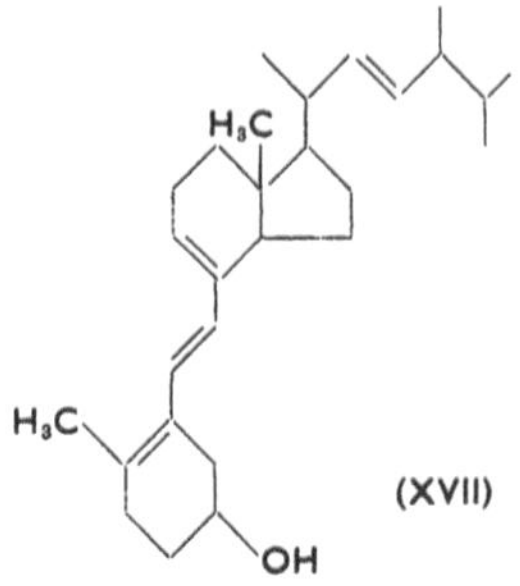

(XVII)

Seit 1949 untersuchte VELLUZ den Einfluß der Temperatur auf die Photo-Isomerisierung des Ergosterins. Das UV-Licht war bei den WINDAUS-Versuchen meist durch den Mg-Funken erzeugt worden, und die Bestrahlungslösung erwärmte sich dabei auf etwa 50°, d. h. „mehr als handwarm" (INHOFFEN). VELLUZ bestrahlte die Ergosterin-Lösung bei konstant 20°, schaltete die Strahlungsquelle ab und stellte fest, daß sich die zu diesem Zeitpunkt vorhandene D_2-Konzentration ohne weitere Bestrahlung, lediglich durch Erwärmen, weiter erhöhen läßt. VELLUZ schloß daraus, daß bei der Bestrahlung von Ergosterin zusätzlich zu den im WINDAUS-Bestrahlungsschema erfaßten Substanzen eine Zwischenverbindung gebildet wird, die thermisch in D_2 umgewandelt werden kann. Er bezeichnete sie als *Prävitamin D_2* (XVIII). Bald konnte (XVIII) als Öl abgetrennt werden, das einen kristallinen Dinitrobenzoesäureester bildet. Prävitamin D_2 (XVIII) steht mit Vitamin D_2 (III) im thermischen Gleichgewicht, das z. B. bei 65° die folgende Zusammensetzung hat:

$$\underset{(35\%)}{\text{Prävitamin } D_2} \rightleftarrows \underset{(65\%)}{\text{Vitamin } D_2}$$

Velluz und Havinga klärten 1955—1959 die Struktur von Prävitamin D_2 (XVIII) und stellten ein neues Schema der Photo-Isomerisierung auf, das sich von dem alten Windaus-Schema dadurch unterscheidet, daß nicht Vitamin D_2 in einer *direkten photochemischen Reaktion* gebildet wird, sondern Prävitamin D_2, mit dem sich Vitamin D_2 im *thermischen* Gleichgewicht befindet.

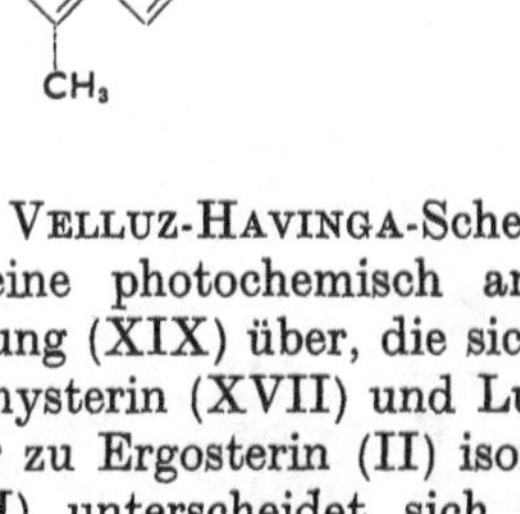

(XVIII)

Nach diesem Velluz-Havinga-Schema geht Ergosterin (II) in eine photochemisch angeregte, aktive Zwischenverbindung (XIX) über, die sich zu Prävitamin D_2 (XVIII), Tachysterin (XVII) und Lumisterin (XVI), aber auch wieder zu Ergosterin (II) isomerisieren kann. Lumisterin (XVI) unterscheidet sich vom Ergosterin (II) nur durch die α-ständige Methylgruppe an C_{10}. Diese photochemischen Isomerisierungen sind ohne Ausnahme reversibel. Der nächste Schritt ist die Ausbildung des

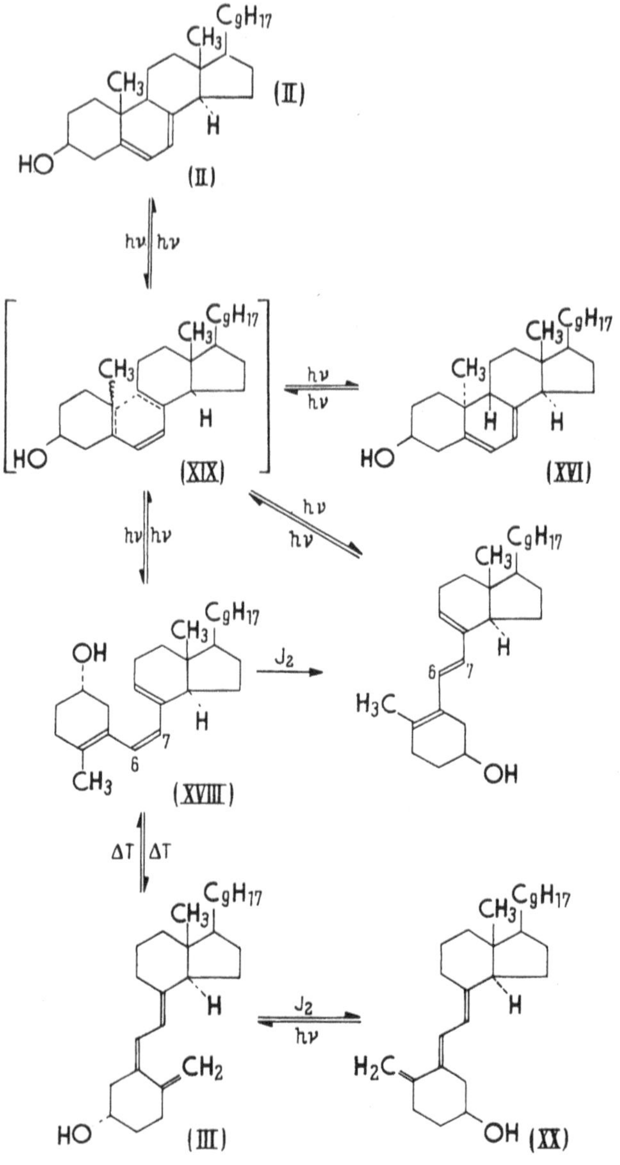

C_9H_{17}
CH_3
CH_3
HO
H
(II)
(II)
hν hν
C_9H_{17}
CH_3
CH_3
HO
H
(XIX)
hν
hν
C_9H_{17}
CH_3
CH_3
HO
H
H
(XVI)
hν hν
hν
hν
C_9H_{17}
CH_3
OH
H
7
6
CH_3
(XVIII)
J_2
C_9H_{17}
CH_3
H
6
7
H_3C
OH
ΔT ΔT
C_9H_{17}
CH_3
H
CH_2
HO
(III)
J_2
hν
C_9H_{17}
CH_3
H
H_2C
OH
(XX)

thermischen Gleichgewichts zwischen Prävitamin D_2 (XVIII) und Vitamin D_2 (III).

Prävitamin D_2 (XVIII) kann durch Jod-Katalyse quantitativ in das 6,7-trans-isomere Tachysterin (XVII) verwandelt werden, wie auch Vitamin D_2 (III) unter diesen Bedingungen das 5,6-trans-Vitamin D_2 (XX) bildet.

Unter den Produkten der vorsichtigen Hydrierung von Tachysterin (XVII) findet sich auch das *Dihydrotachysterin* (XXI), das durch 1,6-Addition von Wasserstoff an das Triensystem entsteht. Mit Lithium in flüssigem Ammoniak kann es frei von Nebenprodukten aus (XVII) hergestellt werden.

(XVII) $\xrightarrow[NH_3]{Li}$

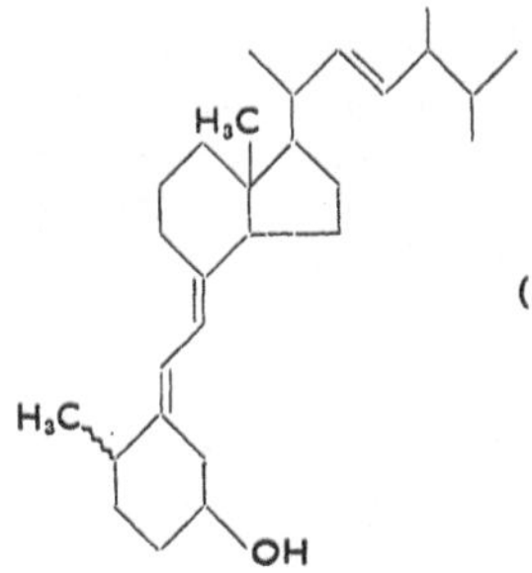

(XXI)

Es besitzt keine antirachistische Aktivität, wird aber seit 1934 als Medikament zur Erhöhung des Calciumgehaltes im Serum bei der Behandlung postoperativer Tetanie (AT 10 = Anti-Tetanus-Präparat 10) verwandt.

Im letzten Jahrzehnt wurde eine wichtige antirachitische Substanz entdeckt, die ohne UV-Behandlung entsteht. Auf der Grundlage älterer Versuche (BILLS, 1926) fand RAOUL im Jahre 1954, daß aus Cholesterin bei der Behandlung mit aktivierter Tonerde ($Al_2O_3 \cdot 2H_2O$) ein schwach antirachitisch wirksames Produkt entsteht, das bei der Behandlung mit Alkali in das *Keton 250* (XXII) übergeht. (XXII) bildet ein stabiles Calciumenolat (Fp. 136°), das die gleiche antirachitische Aktivität wie das Vitamin D_3 besitzt. RAOUL untersuchte die Zwischenstufen der Reaktion und gab dem Keton 250 die folgende, vorläufige Struktur:

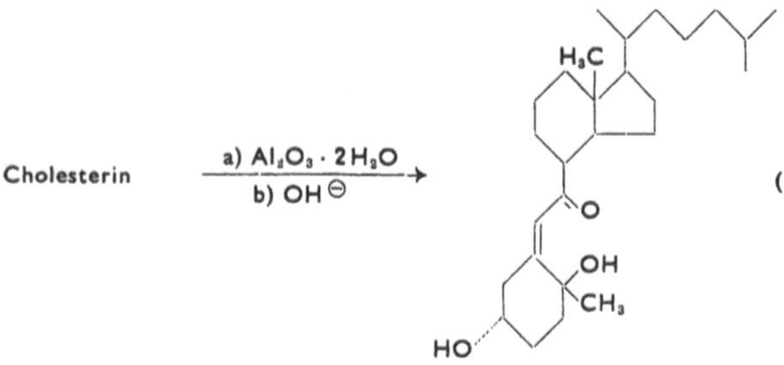

(XXII)

(XXII) ist im Leberöl des Thunfisches in größerer Menge enthalten als das Vitamin D_3. (XXII) findet sich auch in höheren Pflanzen; so beruht die antirachitische Wirkung von Roggen-Mutterkorn auf dem Gehalt an Keton 250.

13.6. Vorkommen, Isolierung und Darstellung der Provitamine

Ergosterin = Provitamin D_2 (II) ist in geringer Menge ein ständiger Begleiter des Cholesterins (WINDAUS, 1936). Als Ausgangsprodukt für die technische Darstellung des Vitamins D_2 wird Ergosterin aus Bäcker- oder Brauhefe durch Verseifung und gleichzeitige Extraktion mit alkoholischer Lauge gewonnen. 170 kg Preßhefe ergeben ca. 500 g Provitamin D_2.

7,8-Dehydro-cholesterin (*Provitamin D_3*) (IV) ist das wichtigste Provitamin des Menschen und der höheren Säugetiere. Es wird im Darm durch Dehydrierung von Cholesterin gebildet und in der Haut gespeichert. Seine Isolierung kann aus Schweinehaut (WINDAUS, 1937), einigen Schnecken, Muscheln und Würmern erfolgen. Synthetisch wurde (IV) erstmalig von WINDAUS (1935) erhalten. Er überführte Cholesterin (XXIII, R = —H) in das 3-Acetat (XXIII, R = —$COCH_3$), das mit Chromsäure die 7-Oxo-Verbindung (XXIV) ergab. Mit Aluminium-isopropylat nach Meerwein-Ponndorf entstand 7-β-Hydroxy-cholesterin (XXV), dessen Dibenzoat thermisch bei 200° zu 7,8-Dehydro-cholesterin (IV) dehydratisiert wurde.

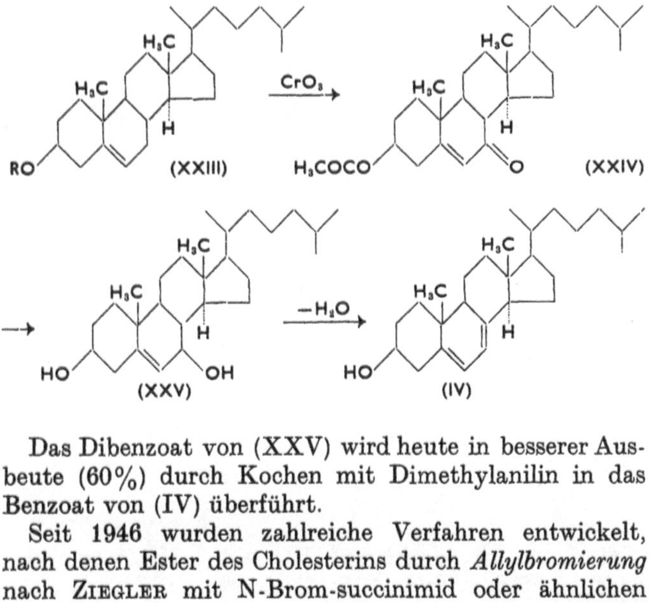

Das Dibenzoat von (XXV) wird heute in besserer Ausbeute (60%) durch Kochen mit Dimethylanilin in das Benzoat von (IV) überführt.

Seit 1946 wurden zahlreiche Verfahren entwickelt, nach denen Ester des Cholesterins durch *Allylbromierung* nach Ziegler mit N-Brom-succinimid oder ähnlichen N-Brom-Verbindungen in 7-Bromderivate übergehen, die mit heterocyclischen Basen (sym. Collidin) oder Trimethylphosphit (Hunziker, 1958) dehydrobromiert werden.

22,23-Dihydro-ergosterin = *Provitamin D_4* (VI) entsteht nach Windaus aus Ergosterin, dessen Maleinsäureanhydrid-Addukt mit Pt/H_2 partiell in der Seitenkette hydriert wird. Thermische Abspaltung von Maleinsäureanhydrid ergibt (VI).

13.7. Totalsynthese der D-Vitamine

Seit 1954 führte INHOFFEN mit seinen Mitarbeitern zahlreiche Synthesestudien durch, die ihren vorläufigen Höhepunkt in der Totalsynthese des Vitamins D_3 (1959) fanden.

Als Ausgangsprodukte für die Partialsynthese des Vitamins D_2 eigneten sich das C_{19}-Keton (XIV) oder der α,β-ungesättigte C_{21}-Aldehyd (XI), die beide bei der Strukturaufklärung des Vitamins D_2 durch oxydativen Abbau als Spaltprodukte isoliert und identifiziert worden waren (s. Kap. 13.4.).

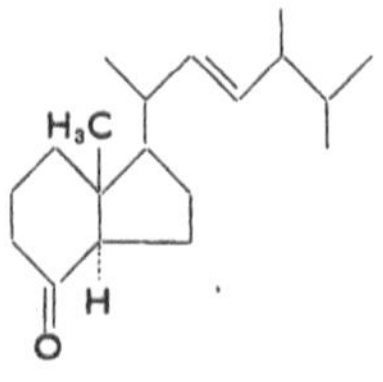

(XIV)

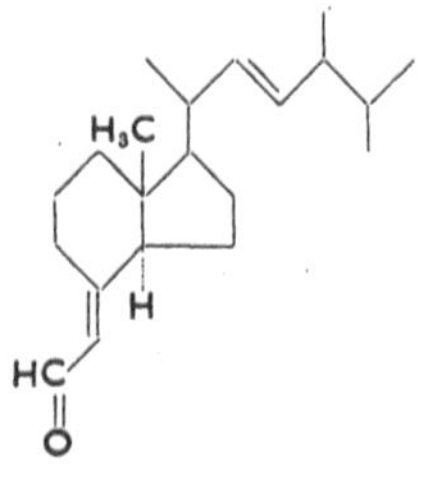

(XI)

INHOFFEN kondensierte (XI) mit p-Hydroxy-cyclohexanon zu dem Trienon (XXVI), einem α,β-ungesättigten Keton mit einem 6-trans-Substituenten. Da das Vitamin D_2 (XV) in der 5,6-cis-Form vorliegt, wurde (XXVI) durch UV-Bestrahlung in das 6-cis-Isomere (XXVII) umgewandelt. (XXVII) konnte ohne Maskierung der Hydroxylfunktion mit der einfachsten WITTIG-Verbindung (Triphenylphosphin-methylen, s. a. Kap. 1.4.2.) in Vitamin D_2 (XV) und ein Isomeres überführt werden, die über die 3,5-Dinitrobenzoate getrennt wurden.

(XI)

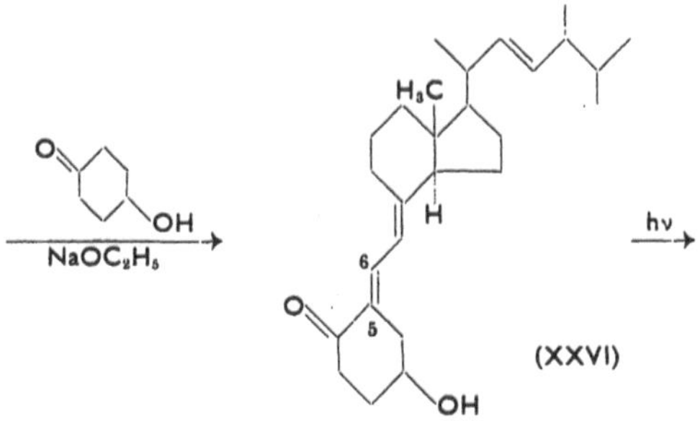

(XXVI)

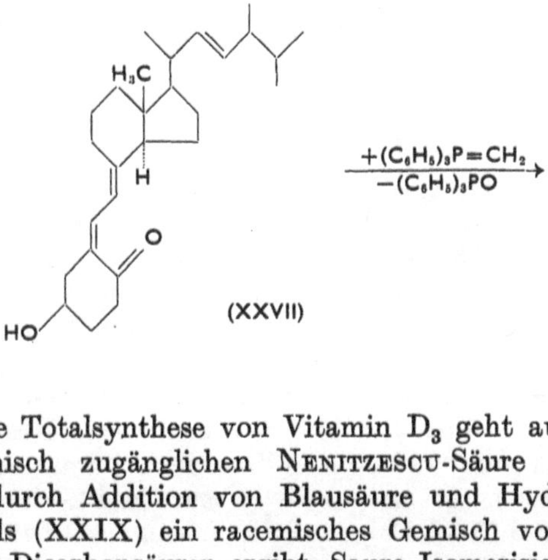

(XXVII)

(XV)

Die Totalsynthese von Vitamin D_3 geht aus von der technisch zugänglichen Nenitzescu-Säure (XXVIII), die durch Addition von Blausäure und Hydrolyse des Nitrils (XXIX) ein racemisches Gemisch von cis- und trans-Dicarbonsäuren ergibt. Saure Isomerisierung führt zum Raçemat der trans-Dicarbonsäure (XXX), das in die optischen Antipoden gespalten wird. Beide trans-Dicarbonsäuren werden zur Hydroxyverbindung reduziert, acetyliert und zu (XXXI) verestert. Durch Dieckmann-Kondensation und Aufarbeitung entstehen daraus zwei Methyl-hydrindanolone, deren rechtsdrehendes (XXXII, $[\alpha]_D = +110°$) in allen physikalischen Daten (Schmelzpunkt, Mischschmelzpunkt, IR-Spektrum, Drehung) mit einem Vitamin-D-Abbauprodukt übereinstimmt.

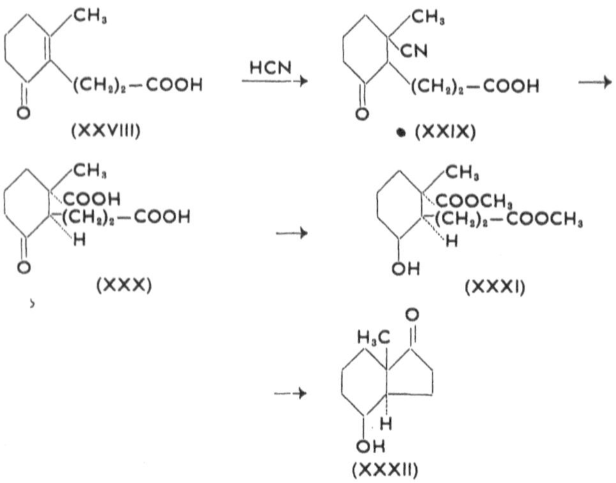

Die Carbonylgruppe in (XXXII) wird mit der GRIGNARD-Verbindung von Crotylbromid, $CH_3—CH=CH—CH_2—MgBr$, (XXXIII) umgesetzt. Nach YOUNG und ROBERTS (1946) verläuft die Addition von Allyl-GRIGNARD-Reagentien an behinderte Ketone über eine ringförmige Zwischenverbindung, die bei Anwendung substituierter Allylderivate (XXXIII) eine intramolekulare Umlagerung erfährt. Nach dieser anormalen Reaktion entsteht ein zum weiteren Aufbau der Vitamin-Seitenkette besonders geeignetes Zwischenprodukt, das Isocrotylcarbinol (XXXIV), das nach CRIEGEE mit Osmiumsäure in das Glykol übergeführt und mit Bleitetraacetat zum Aldehyd (XXXV) gespalten wird.

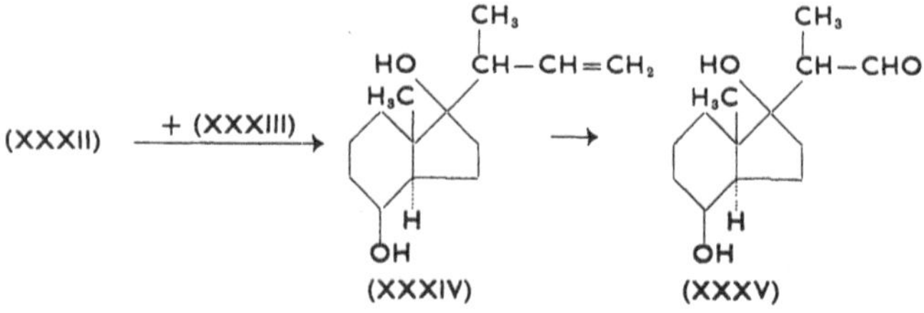

Die Dehydratisierung von (XXXV) mit methanolischer Phosphorsäure liefert ein cis-trans-Gemisch, das sich chromatographisch auftrennen läßt. Die cis-Verbindung (XXXVI) wird katalytisch zu (XXXVII) hydriert, das nach WITTIG mit dem aus Triphenylphosphin und Isoamylbromid dargestellten Ylid zu (XXXVIII) kondensiert. Die Doppelbindung der Seitenkette wird durch Wasserstoff abgesättigt, und durch Oxydation mit Chromsäure in Pyridin nach SARETT entsteht das bicyclische Keton (XXXIX). Umsetzung mit dem WITTIG-Reagens aus Allylbromid ergibt das trans-Dien (XL), das zum α,β-ungesättigten Aldehyd (XLI) ozonisiert wird.

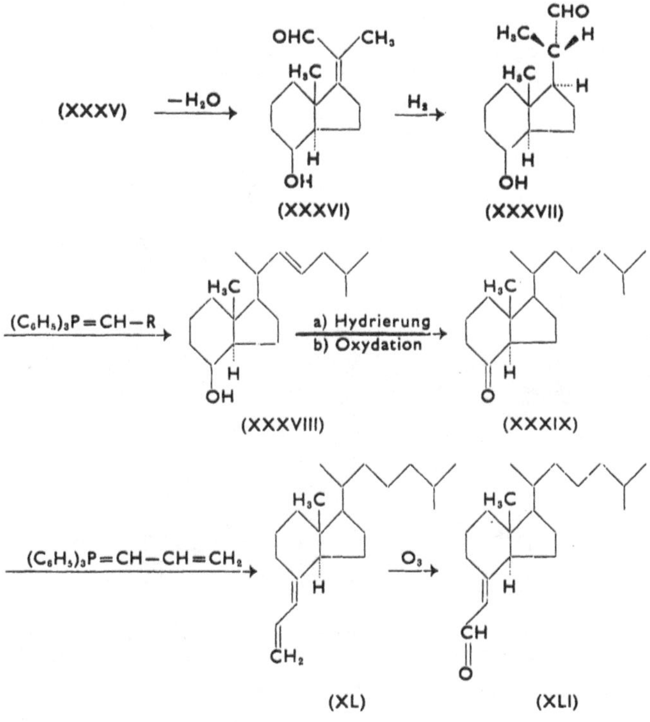

Verbindung (XLI) ist mit dem C_{20}-Abbau-aldehyd aus Vitamin D_3 [analog (XI), Kap. 13.4.] identisch.

Ähnlich der Partialsynthese von Vitamin D_2 (XV) aus Verbindung (XI) wird der Aldehyd (XLI), der bereits die Ringe C und D enthält, mit p-Hydroxy-cyclohexanon umgesetzt. Dabei wird der Ring A mit der sekundären Hydroxylgruppe sowie der Ketogruppe angegliedert, und die zweite exocyclische Doppelbindung (5/6) entsteht. Nach der chromatographischen Trennung der zwei epimeren Hydroxy-dienone wird (XLII) nach WITTIG in das 5,6-trans-Vitamin D_3 (XLIII) verwandelt, das mit gefiltertem UV-Licht in cis-Vitamin D_3 (XLIV) übergeht.

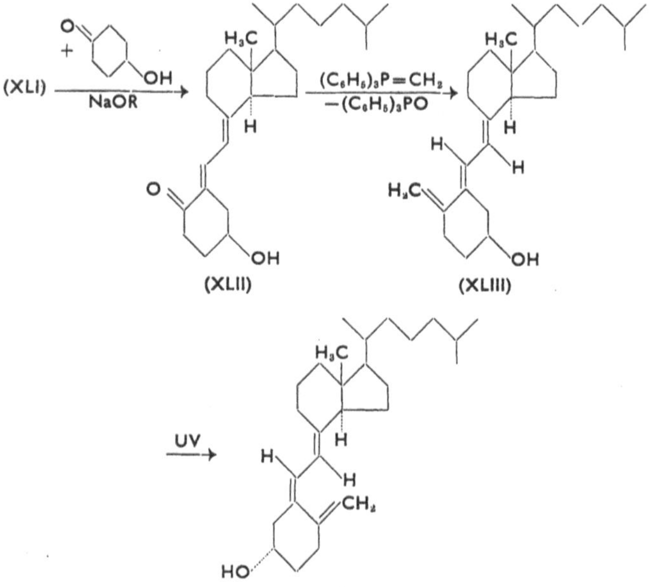

(XLIV)

Dieses total synthetisierte Vitamin D_3 ist in allen seinen Eigenschaften und denen seiner Derivate mit dem reinen, natürlichen Präparat identisch.

14. Tocopherol (Vitamin E)

14.1 Vorkommen, Isolierung und Funktion

EVANS stellte 1922 fest, daß in Pflanzenölen ein fettlöslicher Faktor enthalten ist, der von Ratten benötigt wird. Sein Fehlen bewirkt *Resorptionssterilität*; d. h., nach anfänglich normalem Schwangerschaftsverlauf wird der Fötus vom Organismus resorbiert. Der Faktor erhielt den Namen *Vitamin E* (Fruchtbarkeits-, Antisterilitätsvitamin, *Tocopherol*). Der Sterilitätsverhütungstest an Ratten konnte zur Vitamin-E-Gehaltsbestimmung von Konzentraten benutzt werden, die aus Pflanzenölen gewonnen wurden.

Tocopherol ist in der Tier- und Pflanzenwelt weit verbreitet, allerdings meist in geringer Konzentration. Die wichtigsten Quellen sind Weizen -und Maiskeime, Erdnuß- und Leinöl. Das Vitamin kann daraus durch Extraktions- und Adsorptionsverfahren gewonnen werden. Tocopherol verträgt unter Luftabschluß Temperaturen bis 200° und ist bei 20° völlig alkali- und säurebeständig. Durch Oxydationsmittel (Ozon, Kaliumpermanganat, Persäuren, Halogene) wird es jedoch augenblicklich zerstört.

Es ist nicht endgültig geklärt, ob Tocopherol für den menschlichen Organismus unentbehrlich ist. Das Vitamin wird zur Behandlung des habituellen Aborts verwandt. Wahrscheinlich spielt es eine Rolle als Antioxydationsmittel für Fette.

EVANS gelang es 1936, aus Weizenkeim-Öl durch Umsetzung mit Cyansäure zwei Substanzen als kristalline *Allophanate* (I) abzutrennen, durch deren Hydrolyse zwei hochaktive Öle entstanden, die als α- und *β-Tocopherol* bezeichnet wurden. Damit war gleichzeitig bewiesen, daß im Tocopherol-System eine Hydroxylgruppe vorhanden ist.

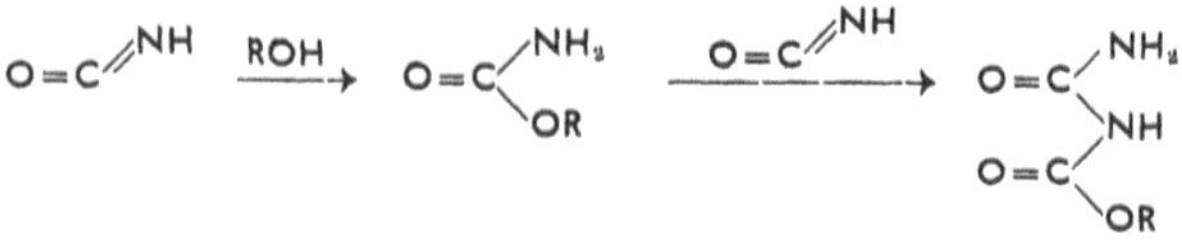

(I)

1937 wurde ein weiterer Vertreter der Vitamin E-Gruppe, das *γ-Tocopherol* (aus Baumwollöl) isoliert, dem 1947 das *δ-Tocopherol* (aus Sojaöl) und in den folgenden Jahren noch weitere aktive Faktoren (s. Kap. 14.2.) folgten. β- und γ-Tocopherol besitzen 50%, δ-Tocopherol 10% der Wirksamkeit von α-Tocopherol.

14.2. Struktur

Die Tocopherole leiten sich von einem in der Natur nicht aufgefundenen Grundkörper ab, den KARRER als *Tocol* bezeichnete. Tocol ist 2-Methyl-2-phytyl-6-hydroxy-chroman (II), und die verschiedenen Tocopherole tragen in den Stellungen 5/7/8 eine bis drei Methylgruppen.

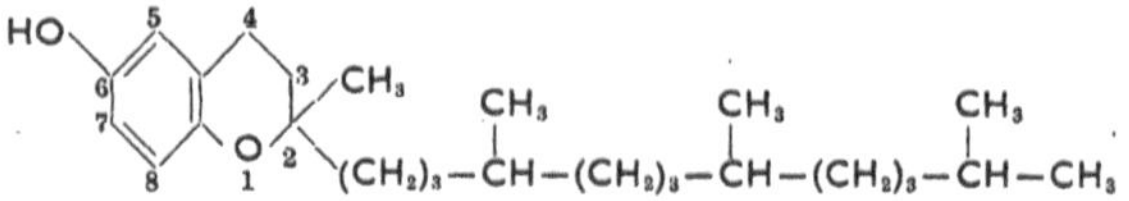

(II)

α-Tocopherol	(III)	=	5,7,8-Trimethyl-II
β- ,,	(IV)	=	5,8-Dimethyl-II
γ- ,,	(V)	=	7,8-Dimethyl-II
δ- ,,	(VI)	=	8-Methyl-II
ε- ,,	(VII)	=	5-Methyl-II
ξ- ,,	(VIII)	=	5,7-Dimethyl-II
η- ,,	(IX)	=	7-Methyl-II

Strukturelle Voraussetzung für die Vitaminwirkung, d. h. für die Erzeugung eines Antisterilitätseffektes bei Ratten, ist der *Chroman*-Ring, der in Position 6 eine freie oder veresterte Hydroxylgruppe besitzen muß. Die Veresterung vermindert die Wirksamkeit nicht, vermittelt aber eine gewisse Stabilität gegenüber Oxydationsmitteln. Auch Amino- oder Mercaptogruppen können die Hydroxylgruppe in Stellung 6 vertreten, da sie im Organismus gegen —OH ausgetauscht werden können. Wird die Hydroxylgruppe an C_6 veräthert oder ganz entfernt, so verliert das Molekül seine Vitamineigenschaften. Am aromatischen Sechsring muß sich mindestens ein Methylsubstituent befinden; der Austausch gegen den Äthylrest vermindert die Aktivität. In Stellung 2 befindet sich ein langkettiger Substituent; so kann der Phytylrest (C_{16}) durch den Cetyl-(Hexadecyl-, C'_{16}) Rest ersetzt werden. Das Produkt zeigt im Sterilitätsverhütungstest das gleiche Verhalten wie α-Tocopherol.

Die angegebene Struktur des α-Tocopherols (III) als 2,5,7,8-Tetramethyl-2-(4′,8′,12′-trimethyl-tridecyl)-6-hydroxy-chroman wurde 1936—38 durch EVANS, FERNHOLZ, W. JOHN, KARRER und TODD bewiesen.

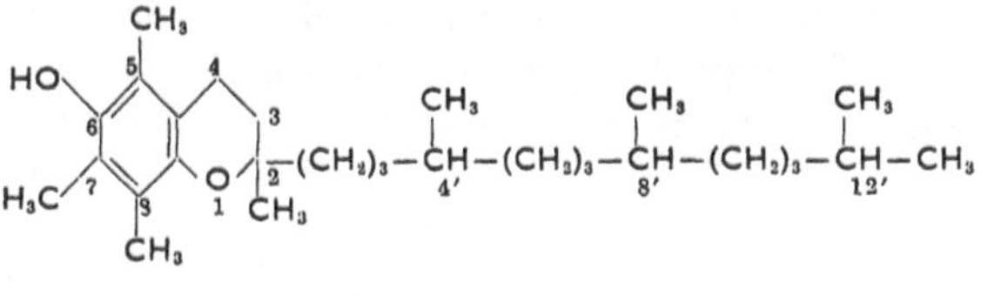

(III)

Die Bildung von Allophanaten, aber auch von p-Nitrophenylurethanen und Acetaten zeigte eine Hydroxylgruppe an. Durch thermische Behandlung entstand Durochinon, 2,3,5,6-Tetramethyl-hydrochinon (X), durch Spaltung mit Jodwasserstoff das 2,3,5-Trimethylphenol (XI).

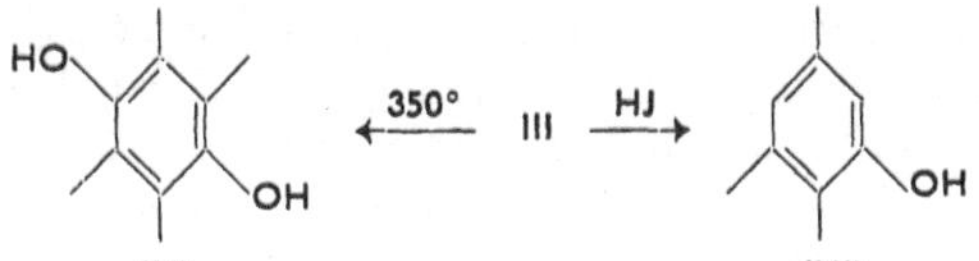

(X) (XI)

Bei vorsichtiger Oxydation mit Chromsäure entstand eine Hydroxysäure (XII), die sehr leicht in das Lacton (XIII) überging. Unter etwas schärferen Oxydationsbedingungen bildete sich das Keton (XIV) und daraus die Säure (XV).

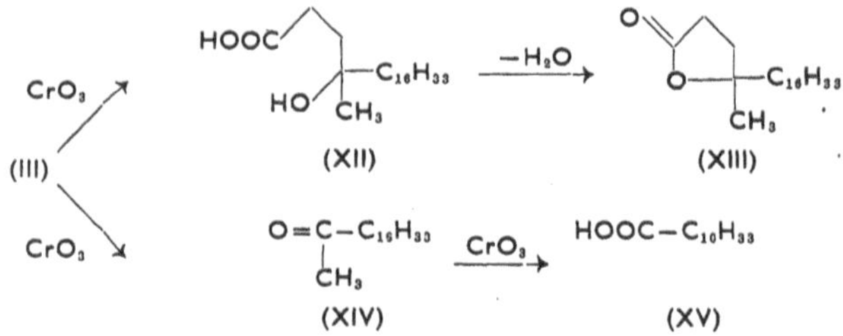

Schließlich konnte durch Oxydation mit Silbernitrat das *Tocopherylchinon* (XVI) erhalten werden, das zum Hydrochinon (XVII) reduziert wurde, in dem eine tertiäre Hydroxylgruppe nachgewiesen werden konnte. Mit Säure ging (XVII) wieder in α-Tocopherol (III) über.

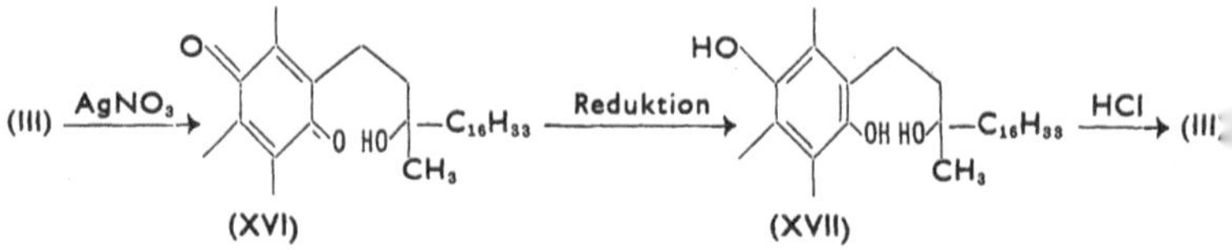

Noch bevor die Struktur des α-Tocopherols (III) endgültig gesichert war, führte KARRER (1938) die Synthese aus 2,3,5-Trimethyl-hydrochinon (XVIII) und Phytylbromid (XIX) durch. Mit Zinkchlorid als Katalysator entstand (XX), das D,L-α-Tocopherol (asymmetrische Kohlenstoffatome 2,4′,8′).

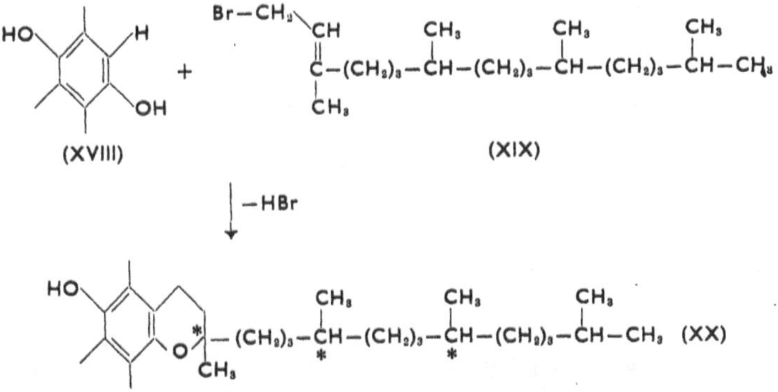

Diese Synthese war insofern noch kein Strukturbeweis, als auch die Bildung eines Cumaran-(= Dihydro-cumaron-)Derivates (XXI) aus den Verbindungen (XVIII) und (XIX) erwogen werden mußte. (XXI) hätte aber bei der Silbernitrat-Oxydation ein Chinon (XXII) ergeben müssen, dessen Hydroxylgruppe sekundär ist und sich zum Keton oxydieren läßt.

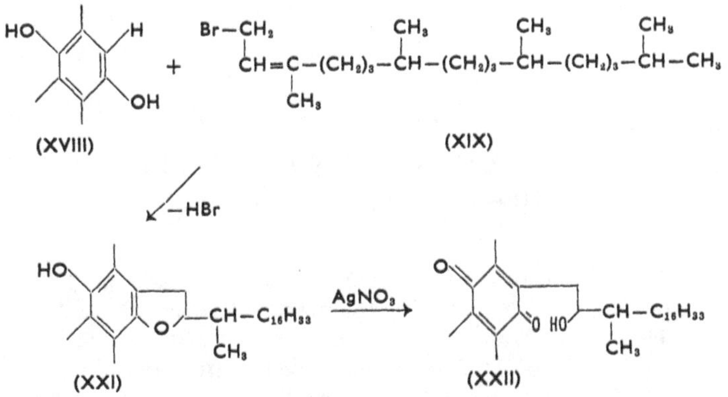

Da die Hydroxylgruppe des aus (XX) hergestellten Chinons sich als tertiär erwies und aus dem Racematgemisch des synthetisierten α-Tocopherols (3 Asymmetrie-Zentren = 8 Stereo-Isomere = 4 Racemate) mit 3-Brom-D-camphersulfonsäure das mit dem natürlichen D-α-Tocopherol in allen chemischen, physikalischen und biologischen Eigenschaften identische Stereo-Isomere abgetrennt werden konnte, war mit dieser KARRER-Synthese gleichzeitig der Strukturbeweis des α-Tocopherols abgeschlossen.

14.3. Synthese

Die klassische KARRER-Synthese diente als Vorbild für die meisten neueren Darstellungsverfahren.

2,3,5-Trimethyl-hydrochinon (XVIII) wird mit natürlichem Phytol (XXIII), Phytylbromid (XIX) aus (XXIII) oder totalsynthetischem Isophytol (XXIV) in Gegenwart von Zinkchlorid, Aluminiumchlorid oder Bortrifluorid-ätherat zu Tocopherol umgesetzt. Aus Isophytol (XXIV) entsteht während der Reaktion unter dem Einfluß der sauren Kondensationsmittel in einer Allylumlagerung Phytol (XXIII) bzw. Phytylhalogenid.

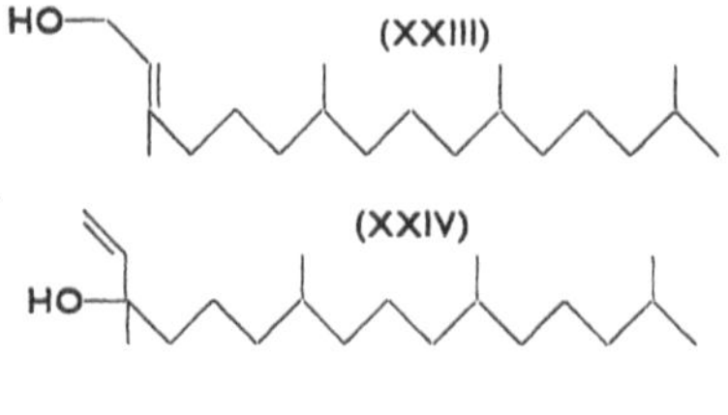

2,3,5-Trimethyl-hydrochinon (X) entsteht aus m-Xylenol (XXV), das im Steinkohlenteer enthalten ist. (XXV) wird nach MANNICH in das Dimethylamino-methyl-Derivat (XXVI) übergeführt, das man nach ADKINS mit CuCrO-Katalysatoren zu 2,3,5-Trimethyl-phenol (XXVII) reduziert. In Stellung 4 wird durch Nitrosierung oder Kupplung mit Diazoniumsalzen eine Stickstoff-Funktion eingeführt, die bei der Reduktion eine Aminogruppe ergibt. Milde Oxydation liefert das Chinon (XXVIII), das zu (X) reduziert wird.

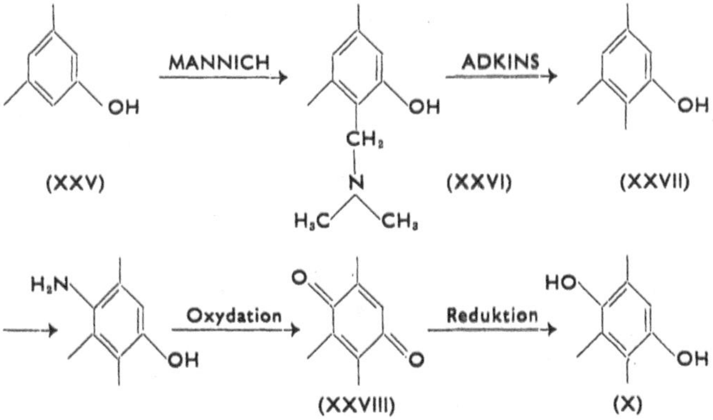

Nach einem moderneren Verfahren kann man (X) auch aus Nitro-mesitylen erhalten.

Natürliches Phytol (XXIII) wird durch Hydrolyse von Chlorophyll aus Brennesselmehl über die Phäophytine gewonnen. Isophytol (XXIV) wird durch Kondensation von Acetylen und Aceton in Xylol oder Toluol bei Anwesenheit von Alkali und Hydrierung am Pd-Kontakt totalsynthetisiert.

Alle diese Synthesen liefern ein am Kohlenstoffatom 2 racemisches Tocopherol. So entsteht mit natürlichem Phytol ein Gemisch zweier Epimerer, die sich nur durch die sterische Anordnung an C_2 unterscheiden, während Isophytol das totalracemische Gemisch ergibt.

Isler und Mitarbeiter teilten 1962 ein Verfahren mit, das die Darstellung sowohl des natürlichen D-α-Tocopherols als auch seiner Stereo-Isomeren in reiner Form ermöglicht.

Die Wittig-Verbindung (XXIX) aus stereochemisch einheitlichem Hexahydrofarnesol bzw. dessen totalem Racemat wird mit den optischen Antipoden des 2-Formyl-2,5,7,8,-tetramethyl-6-acetoxychromans (XXX) umgesetzt und ergibt in dreistufiger Reaktion die stereochemisch einheitlichen isomeren Tocopherole, die durch die spezifische Drehung ihrer Phenylazobenzoate und anderer Derivate charakterisiert werden.

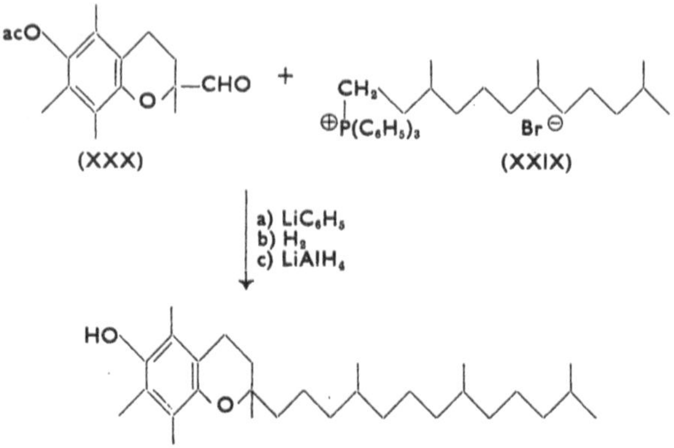

(XXX) entsteht aus Trimethylhydrochinon (XVIII), das in die Formylverbindung (XXXI) übergeführt wird, die über die Aldehydgruppe durch WITTIG-Reaktion und Hydrierung das Keton (XXXII) ergibt. Umsetzung mit HC≡C—MgBr und Ringschluß liefert das Äthinyl-

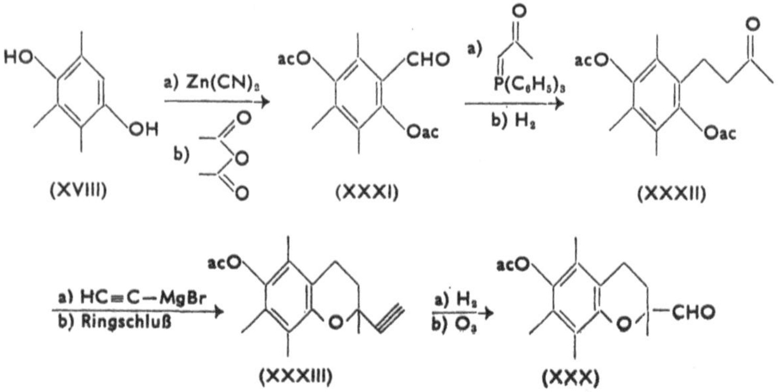

chroman (XXXIII), das durch partielle Hydrierung und Ozonisierung das Racemat des benötigten Formylchromans (XXX) bildet.

Die Trennung der optischen Antipoden von (XXX) gelingt nicht, so daß (XXX) erst in die Säure (XXXIV) umgewandelt werden muß, deren Racemat sich über die diastereomeren Chininsalze glatt spalten läßt. Aus den einheitlichen Verbindungen entstehen dann durch hydrierenden Abbau ohne Änderung der Konfiguration an C_2 die optischen Antipoden des Formylchromans (XXX).

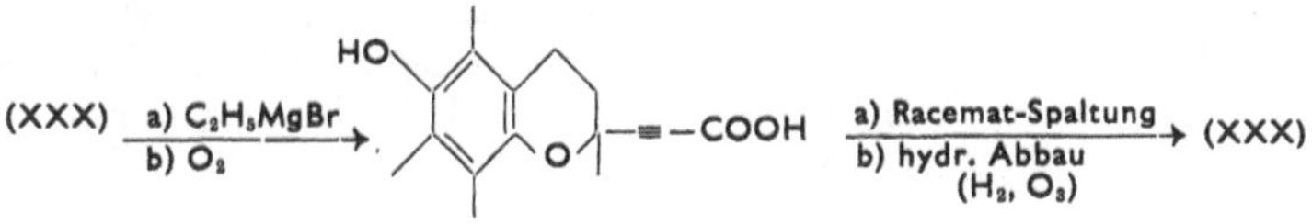

(XXXIV)

15. Vitamin K

15.1. Vorkommen, Isolierung und Funktion

Dam stellte 1929 fest, daß in verschiedenen Organen lipoidfrei ernährter Tiere Blutungen auftraten und postulierte das Fehlen eines Vitamins, das die *Koagulation* (*Vitamin K*) des Blutes bewirkt und damit antihämorrhagische (blutungsverhindernde) Eigenschaften besitzt.

Dam, Doisy und Karrer isolierten 1939 zwei Verbindungen mit Vitamin K-Aktivität. Aus Alfalfa-Gras gewannen sie als viskoses gelbes Öl das *Vitamin* K_1 (I), das in allen grünen Blättern vorkommt. Aus faulendem Fischmehl konnte das *Vitamin* K_2 (II), mit einem Schmp. von 54° gewonnen werden, das von den verschiedensten Bakterien produziert wird.

Im tierischen und menschlichen Organismus fördert Vitamin K die Synthese des Proteins *Prothrombin*, aus dem sich das *Thrombin* bildet, das für den Übergang *Fibrinogen* → *Fibrin* (= Blutgerinnung) nötig ist.

Prothrombin

↓ Thromboplastin Ca^{++}

Fibrinogen —Thrombin→ Fibrin

Dieses klassische Gerinnungsschema (MORAWITZ, 1904) gilt in seinen Grundzügen auch heute noch, wurde allerdings durch eine ständig zunehmende Zahl von wirksamen Faktoren erweitert, die die komplexe Natur des Gerinnungsvorganges zeigen.

Durch *Anticoagulantien* kann die pathologisch gesteigerte Gerinnungsfähigkeit des Blutes herabgesetzt werden. Man verwendet dazu Derivate des *Cumarins* [z. B. *Marcumar* = 3-(1'-Phenyl-n-propyl)-4-hydroxy-cumarin, (III), bzw. *Dicumarol* = Bis-(4-hydroxy-cumarinyl-3)-methan, (IV)], des *Indandion-(1,3)* [z. B. *Athrombon* = 2-Phenyl-indandion-(1,3), (V)] sowie *Heparin*, *Heparinoide*, Verbindungen der *Seltenen Erden* (z. B. das Neodymsalz der 3-Sulfo-isonicotinsäure, (VI)) und *Thrombolytica*.

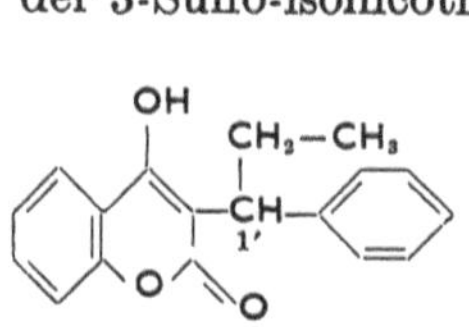

(III)

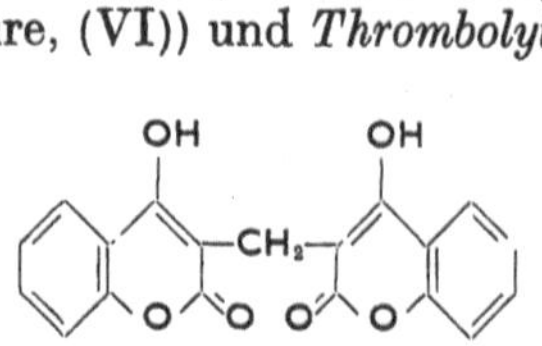

(IV)

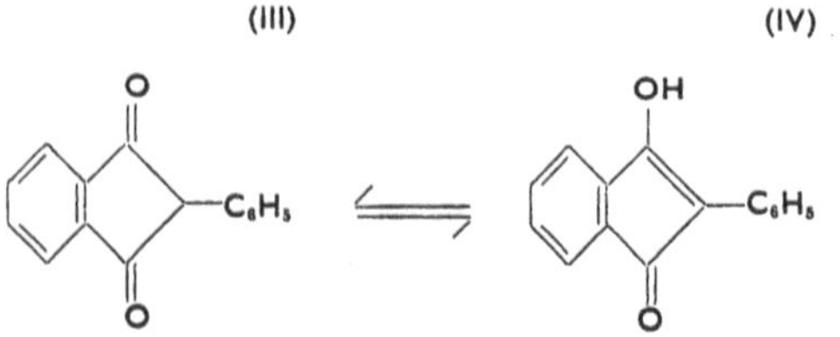

(V)

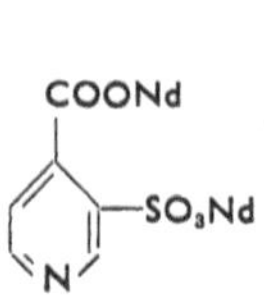

(VI)

Vitamin K ist das Antidot, mit dessen Hilfe die Wirkung der Anticoagulantien vom Typ des Cumarins bzw. des um den Ring-Sauerstoff ärmeren Indandions abgeschwächt bzw. kurzfristig beseitigt werden kann.

Außer dieser zentralen Wirkung im System der Blutgerinnung soll Vitamin K eine grundlegende Rolle im Zellstoffwechsel spielen. Es ist vermutlich an der Photosynthese und vielleicht in der Atmungskette beteiligt.

15.2 Struktur

Karrer stellte 1939 fest, daß das Absorptionsspektrum von Vitamin K_1 (I) mit dem eines 2,3-substituierten Naphthochinons vergleichbar ist. Im gleichen Jahr wurde die antihämorrhagische Wirkung einer anderen chinoiden Verbindung, des 2-Methyl-3-hydroxy-1,4-naphthochinons (*Phthiocol*) entdeckt. Die vorsichtige Chromsäureoxydation des Vitamins K_1 (I) ergab ebenfalls ein Chinon, das 2-Carboxymethyl-3-methyl-1,4-naphthochinon (VII), sowie unter etwas schärferen Bedingungen die Phthalsäure

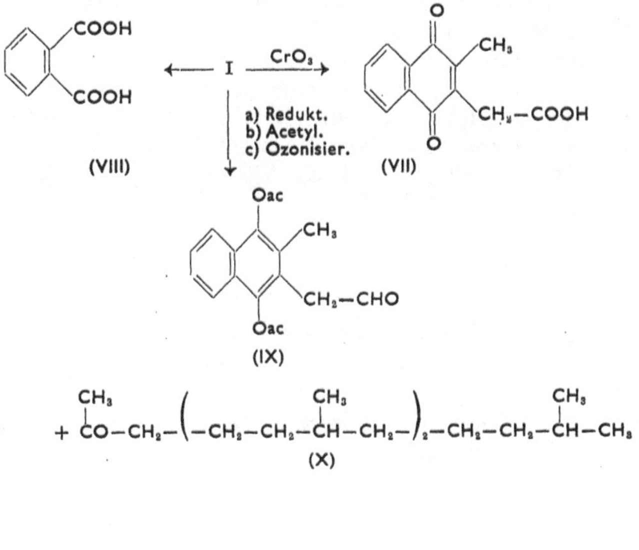

(VIII). Durch Reduktion der chinoiden Anordnung in (I), Acetylierung und Ozonisierung entstand der Aldehyd (IX) sowie ein Keton (X), das als 2,6,10-Trimethylpentadecanon-(14) identifiziert wurde. (X) war schon früher als Oxydationsprodukt des Phytols bei der Strukturaufklärung von Naturstoffen gefunden worden.

Durch diesen oxydativen Abbau sowie die wenig später durchgeführte Synthese (s. Kap. 15.3.) wurde *Vitamin* K_1 (I) als 2-Methyl-3-phytyl-1,4-naphthochinon identifiziert, d. h. mit einer 3-ständigen Seitenkette, die aus vier Isopren-Einheiten (4 × 5 = 20 C-Atome) besteht.

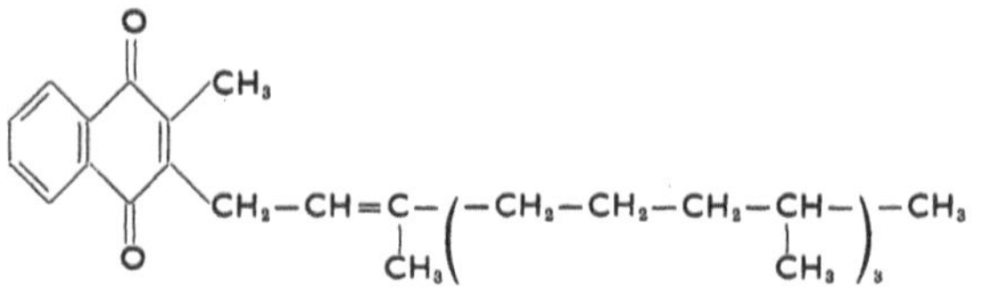

(I)

Vitamin K_2 (II) (Schmp. 54°) enthält das gleiche Ringsystem, aber eine längere und ungesättigte Seitenkette. (II) wurde von DOISY irrtümlich als substituiertes Naphthochinon mit einer C_{30}-Seitenkette interpretiert. Durch Totalsynthese wies ISLER (1958) nach, daß dem Vitamin K_2 (II) die Struktur eines 2-Methyl-3-(all-trans-farnesylgeranylgeranyl)-1,4-naphthochinons zuzuordnen ist, d. h., daß die 3-ständige Seitenkette aus sieben Isopreneinheiten (7 × 5 = 35 C-Atome) besteht. Dieses Vitamin K_2 (II) wird deshalb eindeutig als *Vitamin* $K_{2(35)}$ bezeichnet.

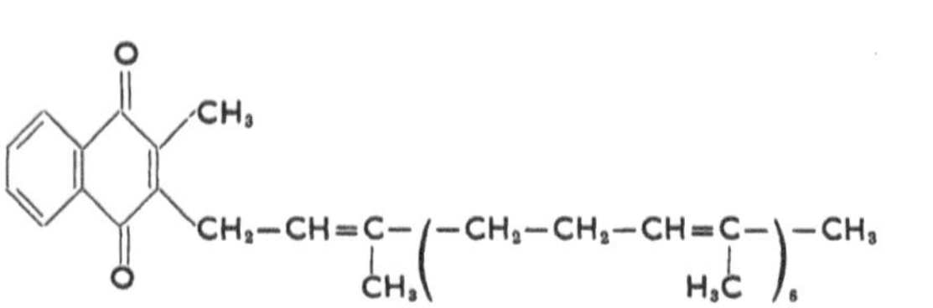

(II)

Die von DOISY für das Vitamin K_2 fälschlich angenommene Struktur (XI) (2-Methyl-3-farnesylfarnesyl-1,4-

naphthochinon, Seitenkette $6 \times 5 = 30$ C-Atome) trifft für einen Wirkstoff zu, den ISLER sowohl synthetisieren als auch aus den Mutterlaugen der Umkristallisation von Vitamin $K_{2(35)}$ gewinnen konnte, dessen ständiger Begleiter er ist. (XI) (Schmp. 50°) wird als *Vitamin* $K_{2(30)}$ bezeichnet.

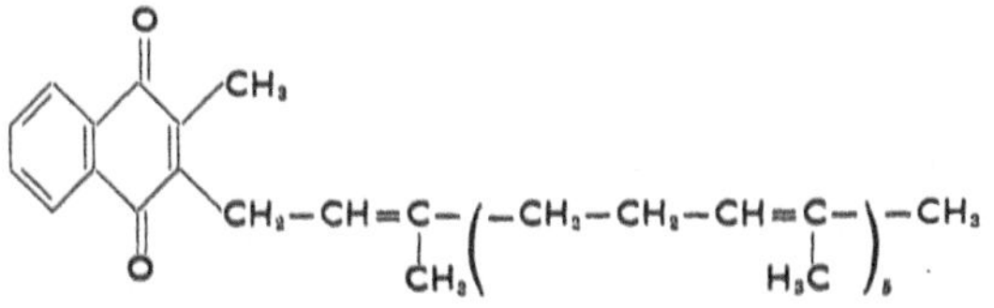

(XI)

Chemisch ähnliche Substanzen, die auch der Benzochinonreihe angehören und eine isoprenoide Seitenkette besitzen, sind die *Ubichinone*, die seit 1958 durch MORTON, LESTER und WOLF isoliert wurden. Aus dem Herzmuskel des Schweins wurde das *Ubichinon* (*50*) (isoprenoide Seitenkette mit 50 C-Atomen = 10 Isoprenreste = *Coenzym* Q_{10}), aus verschiedenen Hefearten die Ubichione mit 30, 35, 40 und 45 Kohlenstoffatomen in der Seitenkette gewonnen (siehe Formel XII). Die Charakterisierung erfolgte durch UV-Spektroskopie, die Trennung durch Chromatographie.

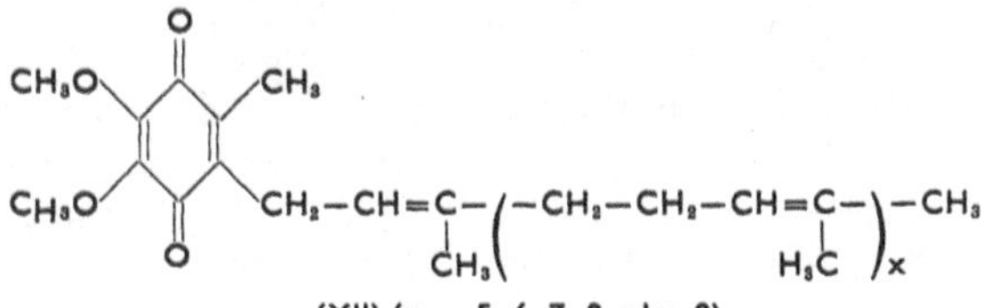

(XII) (x = 5, 6, 7, 8 oder 9)

Die Vitaminnatur der Ubichinone ist nicht eindeutig nachgewiesen.

Ihre Beteiligung an der Atmungskette bewies GREEN (1962).

Eine auffällige strukturelle Verwandtschaft besteht auch zwischen den K-Vitaminen und dem *Tocopheryl-chinon* (XIII), s. a. Kap. 14.2. sowie dem seit 1946 bekannten KOFLER-*Chinon* (XIV), das in allen grünen Pflanzen gemeinsam mit Vitamin K_1 vorkommt.

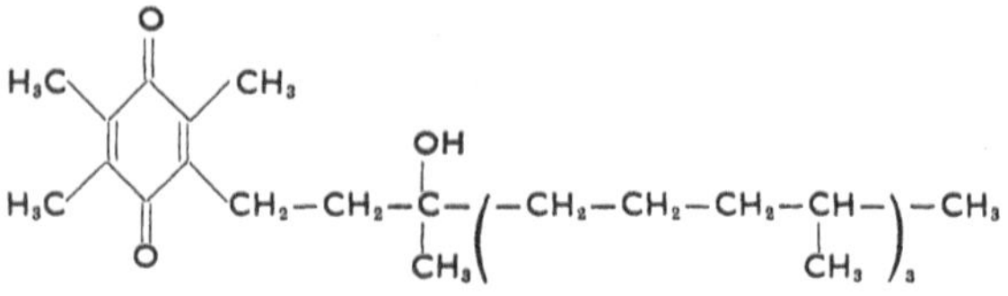

(XIII)

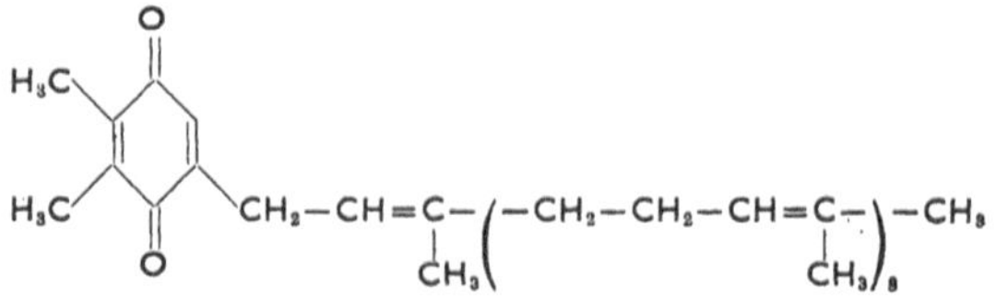

(XIV)

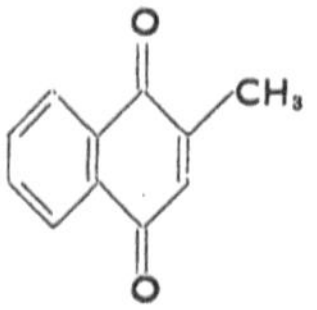

(XV)

Die antihämorrhagischen Eigenschaften des Vitamins K_1 sind nicht an die isoprenoide Seitenkette gebunden, sondern finden sich z. B. im 2-Methyl-1,4-naphthochinon (XV, *Menadion*) in verstärkter Form.

15.3. *Synthese*

1939 veröffentlichten die Arbeitsgruppen von ALMQUIST und KLOSE, MAC CORQUODALE sowie FIESER die

Synthese von Vitamin K_1 aus Phytol (XVI) oder Phytylbromid und Menadion oder Menadiol (2-Methyl-1,4-naphthohydrochinon).

Nach FIESER wird die Kondensation in Dioxan mit Oxalsäure durchgeführt. Auch andere saure Katalysatoren (BF_3-Ätherat, $AlCl_3$, $KHSO_4$, $ZnCl_2$) finden Verwendung. Statt Phytol können dessen Ester sowie Isophytol bzw. dessen Ester eingesetzt werden. Es entsteht das Dihydro-Vitamin K_1-Derivat (XVII), das hydrolysiert und mit Silberoxid in Vitamin K_1 (I) umgewandelt wird.

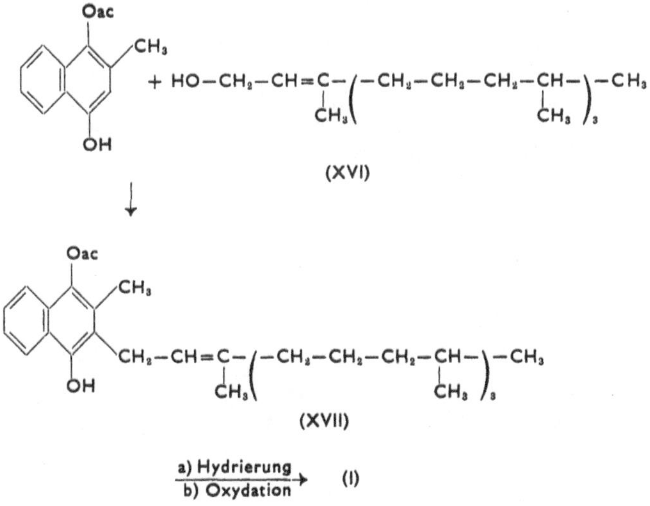

ISLER führte in den letzten Jahren zahlreiche Totalsynthesen des Vitamins K_1 (z. B. racemisches K_1 aus Isophytol und Menadiol) sowie des Vitamins $K_{2(35)}$ und seiner niedrigeren Isoprenologen durch.

16. Literatur

1. Buděšínský, M. Protiva: Synthetische Arzneimittel, Akademie-Verlag, Berlin, 1961.
2. H. P. Kaufmann: Arzneimittelsynthese, Springer, Berlin-Göttingen-Heidelberg, 1953.
3. T. Moore: Vitamin A, Elsevier Publishing Co: Amsterdam, London, New York, Princetown, 1957.
4. W. A. Sexton: Chemische Konstitution und biologische Wirkung, Verlag Chemie, Weinheim, 1958.
5. E. L. Smith: Vitamin B_{12}, Methuen and Co., Ltd., London, John Wiley and Sons, Inc., New York, 1960.
6. W. Stepp, J. Kühnau, H. Schroeder: Die Vitamine und ihre klinische Anwendung, 2 Bände, 1952/57, Enke, Stuttgart.
7. H. Vogel, H. Knobloch: Chemie und Technik der Vitamine, 1. Bd. (1950), 2. Bd. I. Tl (1955), 2. Bd. II. Tl. I. Lfg. (1955), 2. Lfg. (1957), 3. Lfg. (1962), Enke, Stuttgart.

17. Namenregister

18. Sachregister

19. Übersetzung wichtiger Fachausdrücke

Aktivität	activity	активность
Antagonist	antagonist	антагонист
Antioxydantien	antioxidants	антиокислители
Anwendung	application	применение
Ascorbinsäure	ascorbic acid	аскорбиновая кислота
Asymmetriezentrum	asymmetric centre	асимметрический центр
Ausgangsmaterial	starting material	исходный материал
Behandlung	treatment	обработка
Beobachtung	observation	наблюдение
Bestimmung	determination	определение
β-Carotin	β-carotene	β-каротин, провитамин A
Carotinoide	carotinoids	каротиноиды
Cholin	choline	холин (гидроокись триметилоксиэтиламина)
chromatographische Trennung	chromatographic separation	хроматографическое разделение
Coenzym	coenzyme	кофермент
Darstellung	preparation	получение, приготовление
Dehydrierung	dehydration	дегидрогенизация, дегидрирование
Einstufenprozess	one-step procedure	одноступенчатый процесс
Entdeckung	discovery	открытие
Entwicklung	development	развитие
Enzym	enzyme	энзим, фермент
Erforschung	investigation	исследование

flüssig	liquid	жидкий
Folsäure	folic acid	фолиевая килота, (птероилглутаминовая кислота)
Gehalt	content	содержание
Gleichgewicht	equilibrium	равновесие
Grundgerüst	skeleton	основной каркас
Identifizierung	identification	идентификация, отождествление
Isomerisierung	isomerization	изомеризация
Kalium	pottasium	калий
Kettenverlängerung	chain-lengthening	удлинение цепи
Krankheit	disease	болезнь, заболевание
Kristallin	crystalline	кристаллический
Komdensation	condensation	конденсация
Konfiguration	configuration	конфигурация
Lebertran	cod-liver oil	рибий жир
Lösung	solution	раствор
Mangelerscheinungen	deficiency symptoms	дефицитные явления
Meerschweinchen	guinea pig	морская свинка
Meso-Inosit	meso-inositol	мезоинозит
Methylgruppe	methyl group	метильная группа
Methylierung	methylation	метилирование
Mikroorganismus	microorganism	микроорганизм
Natrium	sodium	натрий
natürliches Vorkommen	natural source	естественное прохождение
Nebenprodukt	byproduct	побочный продукт
Nicotinsäure	nicotinic acid	никотиновая кислота (– пиридинкарбоновая кислота)
optische Aktivität	optically activity	оптическая активность
Pantothensäure	pantothenic acid	пантотеновая кислота
perniciöse Anämie	pernicious anemia	злокачественная анемия
Provitamin	provitamin	провитамин
Pyridoxin	pyridoxine	пиридоксин ($C_8H_{II}NO_3$)

Quartärsalz	quaternary salt	четырёхзамещенная соль
Reaktionsweg	reaction path	направление реакции
Reinheit	purity	чистота
Reinigung	purification	очистка
Resorptionssterilität	resorption sterility	резорбционная стерильность
Riboflavin	riboflavin	рибофлавин
Seitenkette	side-chain	побочная цепь
Struktur	structure	структура
Thiamin	thiamine	тиамин, противоневритический витамин
Umlagerung	rearrangement	перегруппировка
Umwandlung	conversion	превращение
ungesättigt	unsaturated	ненасыщенный
ungiftig	non-toxic	нетоксический
Verbindung	compound	соединение
Vitamin	vitamin	витамин
Vitamin A	axerophthol	антиксерофталмичесский витамин
Vitamin K	antihemorrhagic vitamin	противогеморрагический витамин коагуляционный витамин
wasserlöslich	water-soluble	водорастворимый
Zerstörung	destruction	разрушение
Zugänglichkeit	availability	доступность
Zwischenprodukte	intermediates	промежуточные продукты

GERHARD GEPPERT

Experimentelle Methoden der Molekülspektroskopie

(Wissenschaftliche Taschenbücher, Reihe Chemie)

1964. 173 Seiten – 49 Abbildungen – 3 Tabellen – 8° – 8,– MDN

Nach einem kurzen Überblick über die Bedeutung der Molekülspektroskopie und die Entwicklung der experimentellen Technik erfolgt eine detaillierte Beschreibung der optischen Geräte zur Aufnahme von Spektren im Infrarot, Sichtbaren und Ultraviolett sowie von Lumineszenz- und Raman-Spektren. Dabei wird zunächst auf die allgemeinen Prinzipien im Aufbau der Apparaturen und die verwendeten Bauteile näher eingegangen, bevor die charakteristischen Besonderheiten einiger spezieller Geräte Erwähnung finden. Das wichtigste Zubehör sowie Zusatzeinrichtungen zu den Geräten werden ebenfalls behandelt. Das Hauptaugenmerk ist stets auf das Erkennen und Vermeiden von systematischen Meßfehlern, vor allem bei Intensitätsmessungen, gerichtet.

Bestellungen durch eine Buchhandlung erbeten

THEORIA CUM PRAXI

AKADEMIE-VERLAG · BERLIN

In dem Buch

- **wird gezeigt, wie die Chemie der Vitamine in drei Etappen erforscht wurde: Isolierung der reinen Kristallinverbindung, Aufklärung der Konstitution und eine erste Synthese als deren Beweis**

- **werden unter diesen Gesichtspunkten die wichtigsten fettlöslichen (A, D, E, K) und wasserlöslichen (B-Komplex, C) Vitamine behandelt**

- **werden bei jedem Vitamin die bekanntesten, technisch durchführbaren Synthesen besprochen**

WISSENSCHAFTLICHE TASCHENBÜCHER

www.ingramcontent.com/pod-product-compliance
Lightning Source LLC
La Vergne TN
LVHW092106300926
849161LV00002B/54
9783112596739